U0337807

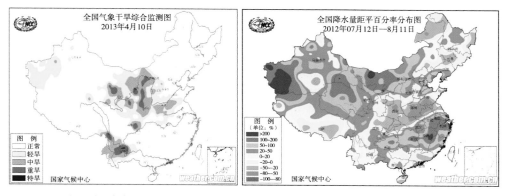

（a）全国气象干旱监测图　　　　　　　　（b）全国降水量距平百分率分布图

图 2.1　中国气候中心发布的干旱监测图

Fig. 2.1　Drought monitoring issued by National Climate Center of China

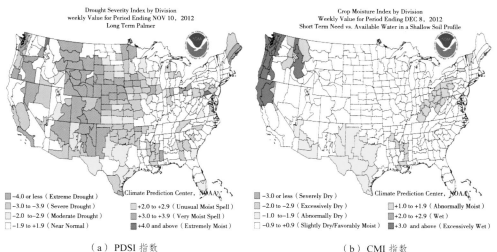

（a）PDSI 指数　　　　　　　　　　　　（b）CMI 指数

图 2.2　PDSI 指数与 CMI 指数

Fig. 2.2　PDSI and CMI drought indics

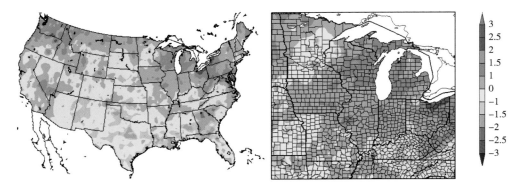

图 2.3　月时间尺度 SPI 指数

Fig. 2.3　Monthly SPI index

图 2.4　美国 VegDRI 干旱监测

Fig. 2.4　VegDRI for U.S. drought monitoring

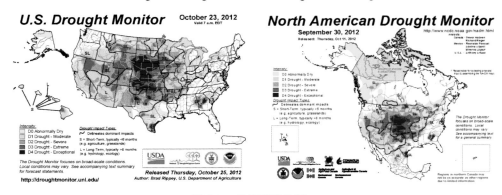

图 2.5　美国干旱监测

Fig. 2.5　U.S drought monitor

图 3.1　影像 / 曲面不规则 ROI

Fig. 3.1　Irregular ROI of image or surface

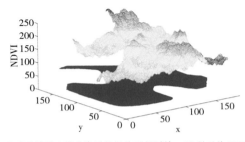

fd_{xy} 刻画的是（x, y）平面不规则边界或像元位置的不规则性；fd_z 刻画的 NDVI 值的空间异质性。）

图 3.3　不规则 ROI 影像三维空间示意图

（Fig. 3.3　Irregular ROI of image regarded as 3D surface

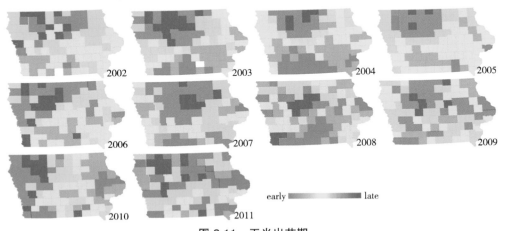

图 3.11　玉米出苗期

Fig. 3.11　Emerged stage of corn crop

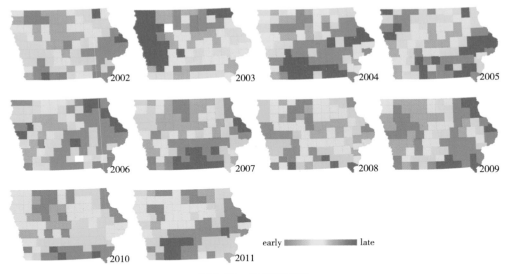

图 3.12　玉米收割期

Fig. 3.12　Harvested stage of corn crop

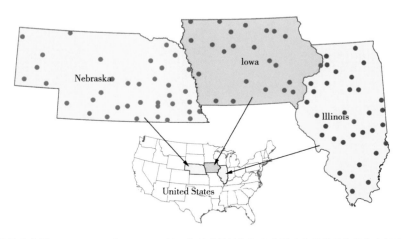

（该研究区涵盖美国 Iowa、Illinois 和 Nebraska 州；位于不同州的气象观测站点用不同的颜色点标示；其中：Iowa 州有 23 个气象观测站点，用蓝色标示；Illinois 州有 33 个、颜色为绿色；Nebraska 州有 37 个，标记为红色。）

图 4.5　研究区和气象观测站点

Fig. 4.5　Study area and postion of meteorological stations

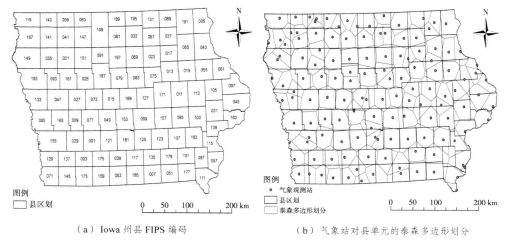

（a）Iowa 州县 FIPS 编码　　　　　　（b）气象站对县单元的泰森多边形划分

图 5.6　气象观测站的空间分布和泰森多边形划分

Fig. 5.6　Position of meteorological stations and Theissen polygon partition

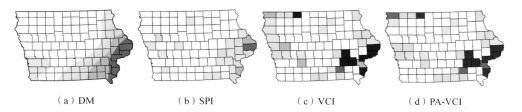

（a）DM　　　　　　（b）SPI　　　　　　（c）VCI　　　　　　（d）PA-VCI

图 5.10　2005 年 8 月 2 日的监测与估计结果

Fig. 5.10　Drought at August 2, 2005

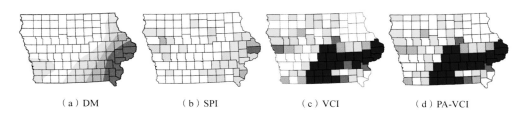

（a）DM　　　　　　（b）SPI　　　　　　（c）VCI　　　　　　（d）PA-VCI

图 5.11　2005 年 8 月 9 日的监测与估计结果

Fig. 5.11　Drought at August 9, 2005

正常　　异常干燥　　中旱　　重旱　　极旱　　特旱

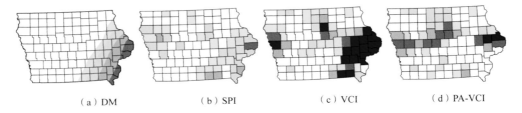

（a）DM　　　　　　（b）SPI　　　　　　（c）VCI　　　　　　（d）PA-VCI

图 5.12　2005 年 8 月 16 日的监测与估计结果

Fig. 5.12　Drought at Augest 16, 2005

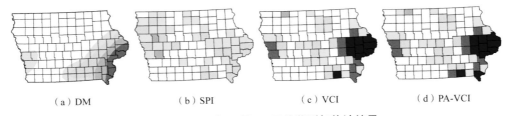

（a）DM　　　　　　（b）SPI　　　　　　（c）VCI　　　　　　（d）PA-VCI

图 5.13　2005 年 8 月 23 日的监测与估计结果

Fig. 5.13　Drought at Augest 23, 2005

☐正常　☐异常干燥　☐中旱　☐重旱　☐极旱　■特旱

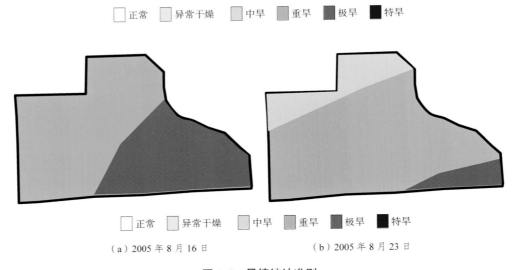

☐正常　☐异常干燥　☐中旱　☐重旱　☐极旱　■特旱

（a）2005 年 8 月 16 日　　　　　　（b）2005 年 8 月 23 日

图 6.5　旱情统计准则

Fig. 6.5　The principles of drought statistics

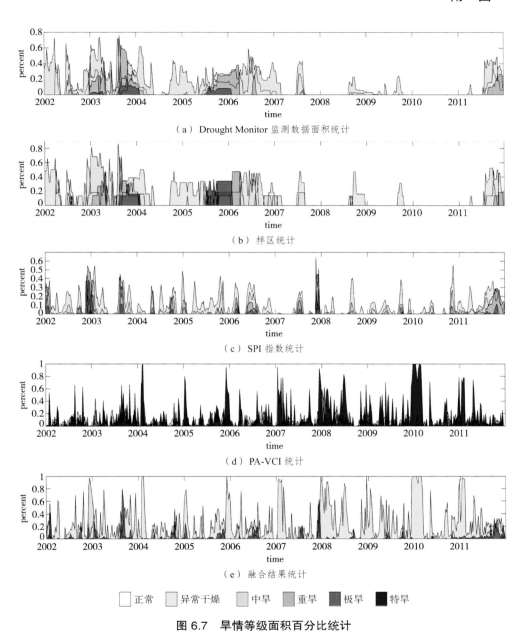

（a）Drought Monitor 监测数据面积统计

（b）样区统计

（c）SPI 指数统计

（d）PA-VCI 统计

（e）融合结果统计

正常　　异常干燥　　中旱　　重旱　　极旱　　特旱

图 6.7　旱情等级面积百分比统计

Fig. 6.7　The drought statistics

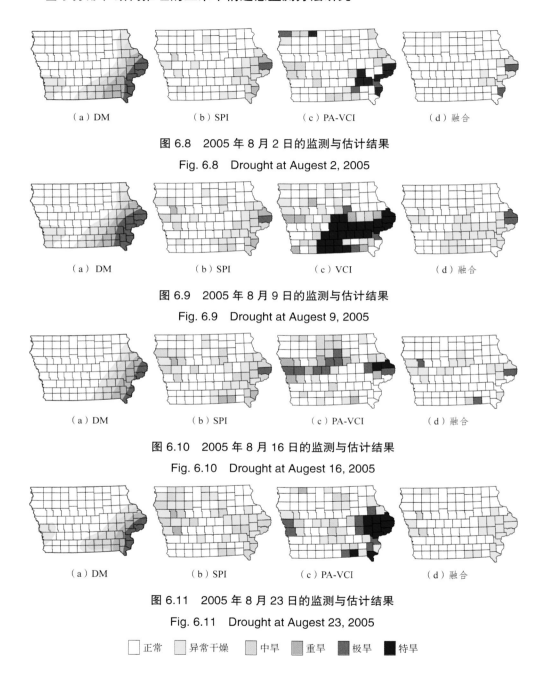

（a）DM　　　　　（b）SPI　　　　　（c）PA-VCI　　　　　（d）融合

图 6.8　2005 年 8 月 2 日的监测与估计结果

Fig. 6.8　Drought at Augest 2, 2005

（a）DM　　　　　（b）SPI　　　　　（c）VCI　　　　　（d）融合

图 6.9　2005 年 8 月 9 日的监测与估计结果

Fig. 6.9　Drought at Augest 9, 2005

（a）DM　　　　　（b）SPI　　　　　（c）PA-VCI　　　　　（d）融合

图 6.10　2005 年 8 月 16 日的监测与估计结果

Fig. 6.10　Drought at Augest 16, 2005

（a）DM　　　　　（b）SPI　　　　　（c）PA-VCI　　　　　（d）融合

图 6.11　2005 年 8 月 23 日的监测与估计结果

Fig. 6.11　Drought at Augest 23, 2005

□ 正常　　□ 异常干燥　　□ 中旱　　▨ 重旱　　▨ 极旱　　■ 特旱

基于分形和结构推理的
玉米旱情遥感监测方法研究

◎ 中国农业科学院农业资源与农业区划研究所

◎ 沈永林　王　迪　申克建　孙　政　著

中国农业科学技术出版社

图书在版编目（CIP）数据

基于分形和结构推理的玉米旱情遥感监测方法研究／沈永林等著．—北京：中国农业科学技术出版社，2018.8

ISBN 978-7-5116-3813-7

Ⅰ．①基…　Ⅱ．①沈…　Ⅲ．①遥感技术–应用–玉米–旱情–监测–研究

Ⅳ．①S513-39②S165-39

中国版本图书馆 CIP 数据核字（2018）第 181875 号

责任编辑	闫庆健
文字加工	潘月红
责任校对	贾海霞

出 版 者	中国农业科学技术出版社
	北京市中关村南大街 12 号　邮编：100081
电　　话	（010）82106632（编辑室）　（010）82109702（发行部）
	（010）82109709（读者服务部）
传　　真	（010）82106650
网　　址	http://www.CASTP.cn
经 销 者	各地新华书店
印 刷 者	北京建宏印刷有限公司
开　　本	710mm×1 000mm　1/16
印　　张	11　彩插 8 面
字　　数	210 千字
版　　次	2018 年 8 月第 1 版　2018 年 8 月第 1 次印刷
定　　价	50.00 元

◄━━◢ **版权所有·翻印必究** ◣━━►

内容提要

随着全球气候变暖，干旱发生的频率和强度不断增强，干旱地区的扩大与干旱化程度日趋严重，干旱化趋势已成为全球关注的问题。干旱、缺水已严重妨碍了国家经济、社会发展以及人民生产生活。传统旱情监测方法是对气象站点观测资料统计分析，获得用于评估旱情的干旱指标。但气象站点分布离散，其在空间上的监测精度受制于气象站点的分布密度。遥感作为一种对地观测新型综合性技术，具有时效性强、覆盖范围广、客观准确及成本低等特点。在干旱监测中引入遥感技术，可使旱情监测结果更为精细和准确。然而，大多遥感干旱指数被设计用于反映地表综合的干旱程度，很少有针对特定作物类型，比如玉米作物。另外，由于干旱指标大都建立在特定的地域和时间范围内，有其相应的时空尺度，单个干旱指标很难达到时空上普遍适用的条件。

针对上述问题，本研究以玉米作物旱情监测为目标，以时序遥感影像和气象观测站降水数据为基础，建立了一种顾及作物物候特征的多干旱指数联合监测方法。即利用检测的玉米作物物候信息校正以遥感为数据源的植被状态指数（VCI），利用结构推理的方法融合修正的 VCI 指数和标准降水指数（SPI），实现对玉米作物旱情的联合监测。本书介绍了以下几项主要的研究工作和成果。

（1）遥感影像不规则兴趣区的分维估计算法

针对玉米作物耕地呈块区（不规则兴趣区）在遥感影像上分布的特点，利用分形乘积的原理，设计了一种降维-差分计盒维数法（Dimensionality-Reduction based Differential Box-Counting algorithm，DR-DBC），以实现对遥感影像不规则兴趣区的分维估计。

（2）分维与玉米作物物候的相关性检验

针对玉米作物生育期遥感时序影像分维变化的特点，建立了分维时序峰值与玉米作物物候的对应关系，并利用地面调查数据作了实验验证。通过构建一系列的对比因子和对比指标，对分维鲁棒性进行了检验，验证了该指标用于表征玉米作物发育状态的可行性。

（3）玉米作物物候的动态估计算法

针对实际应用中对玉米作物物候信息现时性需求，考虑以 NDVI 均值、分维值和有效积温为数据输入，以行政区划为目标单元，构建以隐形马尔可夫模型（Hidden Markov Model，HMM）为基础的玉米作物物候信息动态估计框架。通过实例验证，并与常规逐像元物候检测方法对比分析，验证了该方法的有效性。

（4）物候调节植被指数（PA-VCI）及其与 SPI 指数互相关性检验

针对 VCI 指数以日历年为时间基准，忽略了作物本身物候变化的缺陷，提出了一种物候调节植被状态指数（Phenology Adjusted Vegetation Condition Index，PA-VCI）。通过与常规 VCI 指数对比分析和实例验证，验证了利用作物物候信息修正 VCI 指数的必要性，并检验了 PA-VCI 指数与 SPI 指数的互相关性。

（5）PA-VCI 指数与 SPI 指数的融合算法

考虑到对遥感干旱指数和气象干旱指数优劣互补的必要性，提出利用结构推理的方法对 PA-VCI 指数和月时间尺度 SPI 指数进行融合处理，实现对玉米作物旱情的监测，从而为防灾减灾、国民经济和社会的可持续发展提供决策支持。

目　　录

图目录

表目录

第一章 绪 论

第一节 研究背景及意义

随着全球气候变化的加剧，气温不断升高，干旱发生的频率和强度不断增强，干旱地区的扩大与干旱化程度日趋严重，干旱化趋势已成为全球关注的焦点。在长期无雨或少雨的情况下，土壤水分亏缺，蒸散作用使得农作物体内水分平衡严重失调，正常生理活动遭到破坏，从而引发农作物干旱事件。中国处于季风气候区，降雨分布不均，造成的干旱问题尤为突出[1]。中国常年农作物受旱面积 $2×10^7 ~ 2.7×10^7$ hm^2，造成每年粮食损失 $2.5×10^{10} ~ 3×10^{10} kg$，占各种自然灾害损失总量的60%左右[2]。美国等一些涵盖农业产业的发达国家，同样不同程度地遭受着干旱的威胁。农业干旱是一个持续的过程，成灾范围一般呈片状，且干旱的发生、发展不受时间和空间的限制。目前，农业干旱监测主要采用干旱指数来反映干旱持续的时间和强度。世界气象组织（World Meteorological Organization）[3]将干旱指数定义为：它是跟持续、异常的水分不足造成的累积效应相关的指数。应用较为广泛的干旱监测指数主要有两类：一类是基于传统地面气象观测数据的干旱指数，即气象干旱指数，该类指数都是基于单点观测，其空间上的监测精度受控于气象站点的分布密度，很难反映精细的干旱状况；另一类是基于卫星遥感信息的干旱监测指数，主要是应用多时相、多光谱、多角度遥感数据从不同侧面定性或半定量地评价土壤水分分布状况，具有覆盖范围广、时空分辨率高等优点。玉米作物作为世界上主要

1

的粮食作物品种，干旱的发生将直接造成粮食危机，威胁到人类的温饱水平。故有必要对其进行较为精细的旱情监测。

对于遥感干旱指数来说，它们大多被设计用于反映地表综合的干旱程度，很少考虑用于特定作物类型的旱情监测。因此，直接将常规遥感干旱指数应用于玉米作物旱情监测并不具可行性。比如，常规的植被状态指数（Vegetation Condition Index，VCI）应用于特定作物类型旱情监测存在以下 3 个方面的缺陷。

（1）时间基准问题；由 VCI 指数定义可知，其所采用的时间基准是以观测月球运动规律制定的历法，即日历年。不同年同一日期（DOY）的归一化植被指数（NDVI），可能因为作物的物候期不一致，而不具有可比性。

（2）作物类型变更问题。由于轮作机制，农业耕地里不同年份的作物类型可能发生变更。比如，对于同一地块，去年种玉米，今年可能换种大豆。这样，不同年份的 NDVI 值同样不具可比性，使得计算得到的 VCI 指数失准。

（3）数据可靠性问题。遥感干旱指数（比如 VCI 指数）和气象干旱指数（比如标准降雨指数），都面临着数据可靠性的问题。当遥感数据出现大面积云遮挡、气溶胶等噪声时，据此数据计算出来的 VCI 指数可靠性降低。而借助于气象站点观测数据计算出来的标准降雨指数（Standardized Precipitation Index，SPI），同样存在因站点的变迁、数据漏记录、仪器整修等造成的可靠性问题。

针对上述 3 个问题，提出相应的解决方案，依次为：①提出了一种物候调节植被状态指数（Phenology Adjusted Vegetation Condition Index，PA-VCI），即根据检测出的作物物候信息估计出每年的时间偏移量，对 VCI 指数的时间基准进行校正；②提出以行政区划单元（州、县）为最小对象，取代以遥感影像像元为最小对象的做法，可一定程度上消除互异性；③提出了一种基于结构推理的数据融合方法，实现 PA-VCI 指数与 SPI 指数的联合干旱监测。具体实现过程为：A. 依据玉米作物生育期 NDVI 影像分维变化的原理，建立玉米作物物候的分维衡量指标；B. 考虑到玉米作物物候信息动态检测的需求，以行政区划单元为目标对象，分维值、NDVI 均值及有效积温为数据输入，构建隐形马尔可夫模型（Hidden Markov Model，HMM）实现玉米作物物候信息的动态估计；C. 考虑到植被状态指数（VCI）以日历年为基准的缺陷，引入作物物候校正 VCI 指数的时间基准，建立物候调节植被状态指数（PA-VCI）；D. 以美国干旱监测网发布的旱情为参考，讨论了 PA-VCI 指数与月时间尺度 SPI 指数的相关性和时间超前、滞后关系，并探讨指数融合的必要性；E. 针对多干旱指数联合干旱监测的需求，提出利用结构推理的方法实现对 PA-VCI 指数和 SPI 指数的融合处理。该研究成果可望实现对玉米作物旱情的动态监测，并及时准确地反映旱情发生的范围和程度，可为灾害管理提供辅助手段和决策支持。

第二节　研究目的、内容及解决的关键问题

一、研究目的

本研究的目的是通过融合包含 PA-VCI 指数在内的多源异构干旱指数，实现玉米作物旱情的动态监测。为此，通过分析遥感时序影像分维估计值和玉米作物物候信息地面实测值，探讨分维与玉米作物物候的关联关系；通过提取多源特征（分维、NDVI 均值和有效积温），构建相应的估计模型，实现玉米作物物候信息的动态检测，并构建 PA-VCI 干旱指数；通过分析县级别的 PA-VCI 指数和 SPI 指数，发现两种干旱指数的关联关系，以及指数融合的必要性；通过构建结构推理模型，实现 PA-VCI 指数与 SPI 指数的融合处理，以实现玉米作物旱情的动态监测，为农业生产管理、先兆预警及宏观决策提供技术支持，提升农业生产过程管理的质量和竞争力。

二、研究内容

根据上述研究目的，拟提出以下两方面的研究内容。

1. 基于分形的玉米作物物候检测方法

针对玉米作物耕地呈零星块状在遥感影像上分布的特点（不规则兴趣区），研究遥感影像不规则兴趣区（Region of Interest，ROI）的分维估计方法；顾及玉米作物生育期遥感时序影像分维变化的特点，研究分维时间序列与玉米作物物候的联系及检测方法；针对实际应用中对玉米作物物候信息现时性的需求，研究基于 NDVI 值、分维值、有效积温等多源特征的玉米作物物候信息动态估计方法。

2. 基于结构推理的多干旱指数融合方法

针对 VCI 指数以日历年为时间基准的缺陷，研究利用玉米作物物候信息校正常规 VCI 指数的方法；针对遥感干旱指数和气象干旱指数各自的优势，探讨 PA-VCI 指数与 SPI 指数的联系及数据融合的必要性；针对干旱指数数据可靠性的问题，研究基于结构推理的 PA-VCI 指数和 SPI 指数融合方法，以满足玉米作物旱情精细化监测的需求。

三、解决的关键问题

1. 基于分形的玉米作物物候遥感特征提取

受传统地面作物物候信息单点调查手段费时、费力，且无法大范围操作的限制，遥感手段成为作物物候信息提取的热点。建立遥感影像纹理特征与玉米作物物候的联系，是遥感物候检测首要的。分维作为影像纹理粗糙度的一种表述，可反映玉米作物发育过程中 NDVI 影像纹理的变化。建立分维与玉米作物物候的关联，可为物候检测提供理论基础。另外，考虑到遥感影像上玉米作物耕地呈块状零星分布的特点，需利用分形乘积的原理，设计并实现一种针对遥感影像不规则 ROI 的分维估计算法。

2. 玉米作物物候期的动态估计

目前，大多数作物物候检测方法，仅依赖单源特征（比如 NDVI 指数或有效积温等），且只能检测出少量特定的物候期（比如变绿期、成熟期、衰落期和休眠期）。集成遥感光谱值、影像纹理和地面气象站变量等多源多特征，有望提高玉米作物物候检测的种类、准确度和实时化程度。为此，需解决多源特征的提取和估计模型的构建，实现玉米作物物候信息的动态检测。

3. 基于多指数融合的玉米作物旱情监测

解决常规 VCI 指数时间基准问题，提出基于作物物候信息修正的 PA-VCI 指数。解决 PA-VCI 指数和 SPI 指数的干旱等级划分问题，检验两指数间的关联性和时间超前滞后关系，验证两种指数融合的必要性，为联合旱情监测奠定理论基础。另外，目前多干旱指数融合作物旱情监测方法，较少考虑到数据自身的有效性（可靠性），仅是干旱指数间的硬性融合。为此，需结合来源于遥感影像的 PA-VCI 指数和来源于地面气象站观测资料的 SPI 指数，考虑指数的时序有效性，构建融合模式进行 PA-VCI 指数和 SPI 指数的融合处理，实现玉米作物旱情的动态监测。

第三节 研究方法与技术路线

一、研究方法

本研究是以空间信息科学、计算机科学、统计学、计算几何学及拓扑学为理论基础，研究过程中主要采用综合归纳、对比分析、模型假设与检验、算法开发与验证等方法。学习、借鉴国内外有关农作物物候检测方法和多干旱指数联合监测方法。在验证分维与玉米作物物候、PA-VCI 指数与 SPI 指数等内在联系时，利用统计指标反映变量之间相关关系密切程度；在融合 PA-VCI 指数与 SPI 指数时，采用模式分类的方法实现多干旱指数的融合处理。

为了更好地阐明和验证本书方法的有效性，所选取的研究区单元和数据涉及多种时空尺度。为了验证分形和玉米作物物候的内在联系，本书利用以州为最小统计单元、周时间尺度的地面调查数据进行了验证。为此，所采用的遥感数据也以州为单元、以周为时间尺度；为了验证分维方法的鲁棒性，不同遥感数据集间的时间尺度进行了统一，即采用旬时间尺度；然后，将分维方法从州单元空间尺度向县单元空间尺度进行了扩展；在进行多干旱指数融合时，也进行了时空尺度的统一，即以县为最小单元、以周为最小时间间隔。通过时空数据的转化，在一定程度上克服了因现有验证数据不足的缺陷，使得本书所提出的方法更具说服力。

二、技术路线

本书主要利用分维检测玉米作物物候特征，依据物候信息修正 VCI 指数，利用结构推理方法完成 PA-VCI 指数与 SPI 指数的融合处理，最终实现玉米作物旱情的动态监测。为此，针对本书的研究内容和关键问题，采用如图 1.1 所示的技术路线。

1. 遥感影像不规则 ROI 的分维估计

针对玉米作物像元呈块区在遥感影像上分布的特点，利用分形乘积原理，提出一种降维-差分计盒维数法（Dimensionality-Reduction based Differential Box-Counting algorithm，DR-DBC），以实现遥感影像不规则 ROI 的分维估计。

2. 分维与玉米作物物候关联性检验

分析了玉米作物生育期过程中，遥感影像分维变化的特点，建立了遥感影像分维值与玉米作物物候的联系。通过构建一系列拟合函数，实现对分维时间序列峰值的自动检测，建立了分维时序峰值与玉米作物物候的对应关系，并利用地面调查数据进行了实验验证。

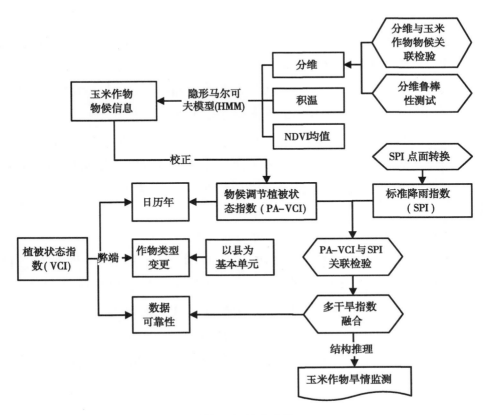

图1.1　技术路线

3. 分维玉米作物物候检测方法的鲁棒性测试

通过构建一系列的对比因子和对比指标，验证分维方法对不同传感器、分辨率、混合像元的稳定性。

4. 基于多特征、HMM 模型的玉米作物物候信息动态检测

利用从遥感影像中提取的 NDVI 均值和分维值，将从气象观测数据中提取的有效积温作为数据输入，结合隐形马尔可夫模型（Hidden Markov Model，HMM），动态估计玉米作物物候信息。通过实验验证，并与常规逐像元物候检测方法对比，验证 HMM 方法的有效性。

5. PA-VCI 指数的计算

针对 VCI 指数以日历年作为时间基准，忽略了作物本身物候变化的缺陷，提出物候调节植被状态指数（PA-VCI），并给出该指数的定义及计算方法，探讨基于 PA-VCI 指数干旱监测的必要性和重要意义。

6. SPI 指数的计算、点面转换和插值方法

考虑到 SPI 指数为月时间尺度离散点状数据，而 PA-VCI 指数为周时间尺度面状数据的问题，采用泰森多边形加权法实现对 SPI 指数的点面数据转换，并构造插值函数将月时间尺度 SPI 插值为周时间粒度。

7. PA-VCI 指数与 SPI 指数的关联检验

通过构建 PA-VCI 指数与 SPI 指数时间序列的互相关性函数，计算互相关性、评估时间超前滞后关系，并探讨了指数融合的必要性。

8. 基于结构推理实现 PA-VCI 指数与 SPI 指数融合处理

将多干旱指数融合过程分解成相应的模式，然后根据所构建的概率模型，估计当前时间节点所对应的融合模式，实现玉米作物旱情的监测。

第四节　本书的组织结构

本书共分 7 章，各章的主要内容如下。

第一章，绪论。重点介绍了本书的研究背景及意义，明确了研究目的、研究内容和解决的关键问题，提出了研究方法与技术路线，最后给出了本书的组织结构。

第二章，国内外研究现状。从遥感植被观测技术、农业干旱监测和作物物候检测方法 3 个方面，详细论述了这些技术或方法的国内外研究现状，并分析了当前研究中存在的缺陷与不足。

第三章，基于分形的玉米作物物候遥感特征提取方法。主要论证

了分维与玉米作物物候在时序遥感影像上的关联。简要介绍了分形与分维估计，分析了影像不规则 ROI 分维估计的常规方法，提出了降维-差分计盒维数法（DR-DBC），以实现影像任意 ROI 分维估计；根据玉米作物对应遥感影像纹理时序变化的特点，初步确立了分维与玉米作物物候的内在联系；通过时序数据分析，验证了这种关联关系的存在；通过一系列对比因子和指标，检验了分维用于玉米作物物候检测的鲁棒性；最后，对玉米作物物候进行了县单元级别制图。

第四章，基于 HMM 的玉米作物物候动态估计方法。主要介绍了一种以多源特征为数据输入、结合 HMM 模型动态估计玉米作物物候的方法。简要介绍了 HMM 模型和混合模型；针对玉米物候的 HMM 估计，设计了方法流程，包括多源特征提取、作物物候地面调查数据（CPRs）规则化、HMM 参数估计、作物物候估计等；最后，通过实验验证和结果对比分析，检验了方法的有效性。

第五章，VCI 指数的物候调节及其与 SPI 指数的关系。主要论证了 PA-VCI 指数和 SPI 指数在农作物干旱监测中的内在联系。针对 VCI 指数仅以日历年作为时间基准的缺陷，考虑到作物物候因素，提出了 PA-VCI 指数；简要介绍了 SPI 指数的定义及计算方法，并进行点面 SPI 的转换，实现 SPI 时序插值；阐述了 PA-VCI 指数和 SPI 指数的干旱等级划分标准，进行了时间超前滞后相关分析；通过一系列的实验验证和结果分析，得到 PA-VCI 指数与 SPI 指数的关联关系，验证了两指数融合处理的必要性。

第六章，基于结构推理的多干旱指数融合方法。主要介绍了一种基于结构推理、融合 PA-VCI 指数与 SPI 指数进行作物干旱监测的方法。简要介绍了结构推理的原理，并在时间维度上进行了扩展，以实现时序数据的动态处理；针对农作物干旱监测，提出了基于结构推理的多源干旱指数的融合方法，并设计和实现了模型参数的估计方法；通过一系列的实验验证和结果分析，验证了结构推理用于玉米作物干旱监测的有效性。

第七章，结论与展望。对全书的研究工作进行了概括，总结了研究的成果和创新点，并对需要进一步研究的内容进行了展望。

本章小结

本章主要介绍了研究的立体依据，指出了常规的植被状态指数应用于特定作物类型旱情监测存在的 3 个缺陷，针对这 3 个缺陷，提出了对应的解决方法，并主要阐述了主要本研究使用的方法及技术路线。最后，对本书的组织结构进行了介绍。

第二章 农业干旱监测及作物物候 检测方法研究进展

第一节 遥感植被观测技术研究现状

自 1972 年第一颗地球资源卫星（Landsat）发射以来，美国、欧盟、俄罗斯、法国、中国、日本、印度等国家和地区相继发射了众多的对地观测卫星。这些观测卫星搭载的各种传感器，已经在植被、地质、土地调查、城市、测绘、考古、人口、环境调查监测、规划管理、海洋、陆地水资源和自然灾害等方面得到广泛应用[4]，并取得良好的经济效益和科技成果。遥感监测技术相比传统技术手段，具有监测数据时效性强、范围广、可重复性观测、成本低廉等优点，因此在植被物候和农作物旱情监测等方面得到广泛的重视。植被物候及旱情监测的遥感数据源主要以经济、实用、能满足精度需求等因素作为参考条件[4]。国内外应用较广的传感器包括美国国家海洋和大气局（National Oceanic and Atmospheric Administration，NOAA）的改进型甚高分辨率辐射仪（Advanced Very High Resolution Radiometer，AVHRR）传感器、美国国家航空和宇宙航行局（National Aeronautics and Space Administration，NASA）的中分辨率成像光谱仪（Moderate Resolution Imaging Spectroradiometer，MODIS）传感器、法国地球观测卫星系统（Satellite Pour l'Observation de la Terre，SPOT）的植被探测器（VEGETATION，VGT）、欧洲环境卫星（Environmental Satellite，ENVISAT）的中等分辨率成像频谱仪（Medium Resolution Imaging Sepectrometer，MERIS）

和海洋宽视场传感器（Sea-Viewing Wide Field-of-View Sensor，SeaW-iFS）[5]、中国的环境减灾卫星（HJ）[6]所搭载的宽覆盖多光谱 CCD 相机和超光谱成像仪等。美国地质勘探局（United States Geological Survey，USGS）列举了植被物候和农业干旱应用中常用的低或免费卫星传感器和数据流（表 2-1）。

NOAA/AVHRR 传感器数据具有时间分辨率高（成像周期 12 小时）、时间序列长（如：提供从 1982 年至今 8km 覆盖全球的数据集，和从 1999 年至今 1km 覆盖美国大陆的数据集）、覆盖范围广（单轨可探测地面 2800km 宽的带状区域）、成本低等优点。然而，其应用受到空间分辨率（最高 1km）和波谱分辨率低、受云层覆盖影响大等方面的限制。Reed 等[7]利用 NOAA/AVHRR 1989—1992 年美国大陆的 NDVI 时间序列，分析了包括春小麦在内的多种植被的物候信息。齐述华等[8]利用从 NOAA/AVHRR 资料中提取出的归一化植被指数（NDVI）和陆地表面温度（LST），对中国 2000 年 3 月和 5 月的旱情分布进行了研究。

MODIS 传感器搭载于 Terra 和 Aqua 两颗卫星上，分别于 1999 年和 2002 年发射。NASA/MODIS 传感器数据具有光谱范围广（共 36 个波段，光谱范围为 0.4~14.4μm）、空间分辨率高（最高 250m）、时间分辨率高（12 小时）、噪声相对较少（提供数据质量控制波段）等特点。该数据对地球科学、陆地、大气和海洋的综合研究都具有较高的实用价值，然而其缺点表现为时间序列短（从 1999 年开始提供数据分发）。Zhang 等[9]利用 MODIS EVI 实现对新英格兰地区和美国东北部地区植被主要的物候进行检测。Wardlow 和 Egbert[10]比较了 MODIS 传感器 250m 空间分辨率 EVI 和 NDVI 产品，并将其成果应用于美国 Kansas 西南部区域农作物制图应用中。王瑜和孟令奎[11]利用 MODIS L1B 级数据，结合地面气象观测站实测数据和水文信息实现对辽宁省 2009 年夏季的旱情做了深入研究。

表2-1 物候和干旱应用中常用的低或免费卫星传感器和数据流

传感器	卫星	重复周期	数据提供者（地面）	数据记录	空间分辨率	产品的时间粒度	分发延迟时间
AVHRR	NOAA 系列	1天	USGS/EROS①	1989年至今	1km	1周, 2周	约24小时
AVHRR	NOAA 系列	1天	Global Land Cover Facility②	1982—2006	8km	2个月	N/A
MSS	Landsat 1~5	18天	USGS/EROS①	1972—1992	79m	按场景分发	N/A
TM	Landsat 4~5	16天	USGS/EROS①	1982—2011	30m	按场景分发	N/A
ETM+	Landsat 7	16天	USGS/EROS①	1999年至今	30m	按场景分发	1~3天
Vegetation	SPOT	1~2天	VITO③	1999年至今	1.15km	10天	约3月
MODIS	Terra	1~2天	LPDAAC④	2000年至今	250m, 500m, 1km	8天, 16天	7~30天
MODIS	Aqua	1~2天	LPDAAC④	2002年至今	250m, 500m, 1km	8天, 16天	7~30天
eMODIS	Terra/Aqua	1~2天	USGS/EROS⑤	2000年至今	250m, 500m, 1km	7天	约15小时, 7天⑤

①通过USGS全球可视化查看器（USGS Global Visualization Viewer）（http: //glovis. usgs. gov/）下载;

②GIMMS（Global Inventory Modeling and Mapping Studies）数据集（http: //glcf. umiacs. umd. edu/data/）;

③比利时MOL的弗莱蒙科学技术研究所（VITO）提供的SPOT Vegetation S10产品,通过http: //free. vgt. vito. be网站免费下载;

④通过美国土地过程分布式数据中心（Land Processes Distributed Active Archive Center）（https: //lpdaac. usgs. gov/lpdaac/get_ data）下载;

⑤eMODIS（http: //dds. cr. usgs. gov/emodis/）,对于快速数据（日发布）分发延迟的时间近似为15小时,而对于历史数据为7天。

本表参考的网址为: http: //phenology. cr. usgs. gov/ndvi_ avhrr. php

SPOT-VGT 传感器于 1998 年 3 月由 SPOT-4 搭载升空，同年 4 月开始接收用于全球植被覆盖的 SPOT-VGT 数据。最终由比利时弗莱芒技术研究所（Flemish Institute for Technological Research，Vito）VEGETATION 影像处理中心（VEGETATION processing Centre，CTIV）负责处理成 1km 全球数据空间分辨率、10 天合成的 NDVI 数据。SPOT-VGT 的主要优势在于其被设计成可连续观测地表天然和人工植被覆盖状况及状态特征。Upadhyay 等[12]利用 SPOT-VGT NDVI 数据，分析了印度 Punjab 地区 2001—2002 年秋收季节作物物候特征。鹿琳琳和郭华东[13]利用 SPOT-VGT S10 产品 NDVI 时间序列，以山东省济宁市和华北平原为研究区，提取出冬小麦的返青期等物候信息，并分析了冬小麦返青期的空间差异。

我国自主研发的"环境与灾害监测预报小卫星星座"（简称"环境减灾星座"）A、B 双星（HJ-A/B）于 2008 年 9 月 6 日发射升空。其具有时间分辨率（4 天）和空间分辨率（30m）高的特点，为实现环境与灾害大范围全天时、全天候的动态监测提供了良好的技术手段。李雪[6]利用 HJ 遥感数据，选取植被供水指数（VSWI）和温度植被干旱指数（TVDI），实现对广西典型岩溶地貌区干旱监测。陈世荣等[14]利用 HJ-1B 卫星宽覆盖多光谱 CCD 相机数据构建了垂直干旱指数，并实现对辽宁阜新市的干旱遥感监测。周旋[15]利用 HJ 遥感数据，对安徽北部地区的植被供水指数（VSWI）进行了反演，然后结合土壤水分实测数据构建了土壤水分模型，实现对干旱的监测与评价。张川[16]利用 HJ 高光谱数据，对内蒙古赤峰地区进行了干旱监测研究。

相比其他传感器而言，MODIS 和 SPOT-VGT 的光谱波段专门被设计服务于农业监测[17]。Toukiloglou[18]比较了 AVHRR、MODIS 和 SPOT-VGT 的传感器性质，认为针对土地覆盖制图和农业监测应用，最优的为 MODIS 传感器，其次为 SPOT-VGT 传感器，最后是 AVHRR 传感器。该研究可为植被物候和农业干旱监测遥感数据的选取提供了参考。

第二节　农业干旱监测方法研究现状

　　人们研究干旱，目的是为减轻干旱影响及干旱灾害损失服务，然而由于干旱的致灾机理及过程相对复杂，时至今日，仍未能寻找到能够客观全面评估干旱影响及旱灾损失的指标。美国气象学会（American Meteorological Society）认为供给与需求的时空过程是客观评价干旱的基本准则，并在总结各种干旱定义的基础上，将干旱分为4种类型：气象干旱（Meteorological Drought），即由降水和蒸发不平衡所造成的水分短缺现象；农业干旱（Agricultural Drought），即以土壤含水量和植物生长形态为特征，反映土壤含水量低于植物需水量的程度；水文干旱（Hydrological Drought），即由于河川径流低于其正常值或含水层水位降落的现象；社会经济干旱（Socioeconomic Drought），即在自然系统和人类社会经济系统中，由于水分短缺影响生产、消费等社会经济活动的现象[19]。通常，干旱具备4方面特征：空间影响范围、干旱等级、持续时间及起始和结束时间[3]。

　　Abbe[20]认为，农业干旱不仅与降雨缺乏相关，而且还取决于作物生长过程中是否有充足的水份。因而，农业干旱是多种因素造成的结果[19]。干旱指数集合了多种数据，包括降雨、积雪、河川径流及其他供水指标等。它们在统一的框架下被用于监测干旱严重程度和衡量气候变迁[21]。大量的指数被广泛的应用于区域-全球尺度的干旱评估和监测。中国于2006年11月1日首次发布了监测干旱灾害的国家标准《气象干旱等级》，并由中国气候中心发布全国气象干旱监测图（图2.1（a））和全国降水量距平百分率分布图（图2.1（b））。目前，气象干旱等级国家标准中规定了5种监测干旱的单项指标和气象干旱综合指数CI。这5种单项指标为降水量和降水量距平百分率、标准化降水指数、相当湿润度指数、土壤湿度干旱指数和帕默尔干旱指数。中国干旱业务监测以依赖降水量和气温的气候干旱指数为主，辅助农业气象站的旬 10cm、20cm 土壤相对湿度、卫星干旱监测等信息，实现全国大范围干旱动态监测，并发布《中国旱涝气候公报》产品[22]。

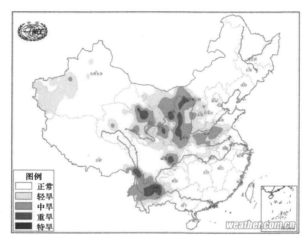

（a）全国气象干旱监测图（2013年4月10日）

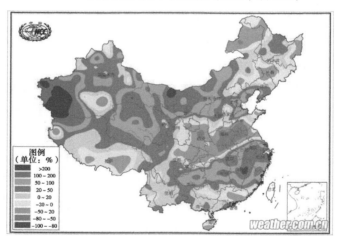

（b）全国降水量距平百分率分布图（2012年07月12日—8月11日）

图 2.1　中国气候中心发布的干旱监测图（国家气候中心）

目前应用广泛的干旱监测指数主要有 2 类：一类是基于地面气候数据的干旱指数，即传统干旱监测指数，这些指数都是基于单点观测，很难反映大面积的干旱状况；另一类是基于卫星遥感信息的干旱监测指数，主要是应用多时相、多光谱、多角度遥感数据从不同侧面定性或半定量地评价土壤水分分布状况，具有范围广、空间分辨率高等优点。因此，利用卫星遥感技术进行大范围的干旱监测对国家有关部门宏观决策、指导农业生产及区域的可持续发展具有重要意义[23]。

一、基于地面单点观测的干旱指数

基于地面单点观测的干旱指数考虑的因子包括降雨量、温度、相对湿度、日光照射、风速、土壤湿度、土壤特性等。这些干旱指数可为农业干旱指标提供研究背景和参考依据，具有重要的基础意义。接下来，将介绍几个常用基于地面单点观测的干旱指数，包括 Palmer 干旱严重程度指数、作物湿度指数、地表水分供应指数、标准化降水指数等。

1. Palmer 干旱严重程度指数

Palmer 干旱严重程度指数（Palmer Drought Severity Index，PDSI）[24]是一个基于降水量和温度的干燥程度量规。它是根据水分平衡原理，综合考虑降水、蒸散、径流和土壤含水量等要素，利用水分平衡模型，通过降水、气温和土壤实际含水量等输入参数来计算土壤蒸散、土壤补充水分、径流和表层失水量；然后，根据近 30 年历史气象数据计算的各气候常量，针对当前的天气条件计算一个气候适宜降水量；再利用实际降水量与气候适宜降水量的差值来计算降水亏缺；最后基于经验统计关系，利用降水亏缺计算 PDSI，PDSI 的取值范围在 ±6.0 之间。由于 Palmer 指数经过标准化处理，因此能够用于不同区域、不同时间干旱的对比。

PDSI 是美国第一个被广泛应用的干旱监测指标（图 2.2（a）），它是一个经过定标的土壤湿度算法，不但能够反映异常湿润和异常干

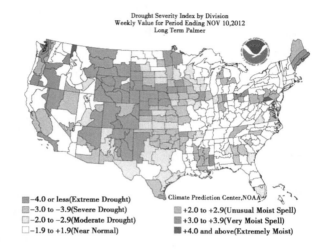

（a）PSDI指数

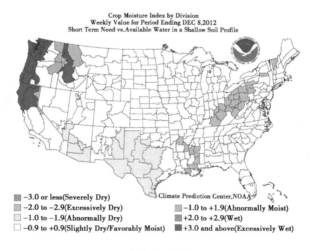

（b）CMI指数

图2.2 PDSI 指数与 CMI 指数

燥天气状况，还可以反映干旱持续的时间。PDSI 指数是一种大尺度模型，在判定长期干旱，比如长达数个月的干旱方面被证明是非常有效的，但在判断持续数周的干旱上效果稍差。也就是说它对于大面积均一地形及较长时间尺度（通常是月以上的时间尺度）的气象干旱监测适用性较好。PDSI 被美国农业部广泛用于决定何时进行紧急抗旱援助[25]。

为了突破 PDSI 本身的极限性，一些研究者对 PDSI 指数进行了修正[26]，包括自校验 PDSI[27]和改进潜在蒸散量方程的 PDSI（比如利用 Penman-Monteith 等式[28]替代原有的 Thornthwaite 等式[29]）。Dai[30]评价了 1850—2008 年 4 种形式的 PDSI，发现 PDSI 的 4 种形式在长周期上表现出相似的趋势，并且与月土壤湿度、年径流、和卫星观测到的水储存量变化具有相关性。

2. 作物湿度指数

农作物在关键生长季节对短期的水分亏缺是极容易受影响的，并且降水亏缺的发生与土壤水分引起的农业干旱之间有一个滞后时间。为此，Palmer 在 PDSI 指数的基础上开发了作物湿度指数（Crop Moisture Index，CMI）[31]作为监测短期农业干旱的指标。CMI 是基于每周平均温度和降水的干旱指数，是专门为农业干旱设计的指数，主要用于评估短期内作物水分条件及所需水分的情况。CMI 取决于该周开始时的干旱强度和该周的蒸散短缺或补充土壤水份。该指数既度量蒸散短缺（干旱）又度量过度湿润（降水多于蒸散需求并补充土壤水份）。尽管 CMI 是建立在 PDSI 的理论框架之上的，数值上等于本月内蒸发散亏缺与土壤水分补给之和。与 PDSI 指数不同，CMI 指数计算时前几周数据权重较小，近期数据权重较大。

CMI 主要用于监测农作物的干旱程度，具有良好的物理机制，能较好地反映短期农作物的水分状况，已经被美国农业部（USDA）采用作为评价短期农作物水分需求的指标（图 2.2（b））。例如：被美国农业部采用并在其"天气和作物周报"上作为短期作物水分需求指标发布[19]。CMI 指数是一种小尺度模型，在作物生长季能较准确的进行干旱过程的判断。该指数的一个缺陷，就是在作物的生长季之外，其值接近 0，这种限制导致了 CMI 指数在监测作物的生长季之外（冬季）的干旱等级时准确性较低，不能较准确反映干湿状况。由于 CMI 指数定义在生长季开始和结束时的值都为 0，限制了指标的使用范围。而且由于该指标评价水分盈缺程度等级是依据处于生长期植物的水分需求状况而定的，所以在应用于作物或自然植被时必须考虑它们的生长状况。

3. 地表水分供应指数

地表水分供应指数（Surface Water Supply Index，SWSI）[32] 是对 PDSI 指数的一个补充。SWSI 指数的目的是把水文和气候特征耦合成一个综合的指数值。计算 SWSI 指数的主要输入参数有积雪当量、流量及流速、降雨量、水库存储量。SWSI 指数的最大优点是计算简单，能够反映流域内的地表水分供应状况。由于 SWSI 指数在每个地区或流域的计算都不一样，因此流域之间或地区之间的 SWSI 指数缺乏可比性[23]。

4. 标准化降水指数

由于降水量的分布一般不是正态分布，而是一种偏态分布。所以在进行降水分析和干旱监测、评估中，采用 Γ 分布概率来描述降水量的变化。标准化降水指数（Standardized Precipitation Index，SPI）[33] 就是在计算出某时段内降水量的 Γ 分布概率后，再进行正态标准化处理，最终用标准化降水累积频率分布来划分干旱等级。美国科罗拉多气候中心、美国西部区域气候中心、美国国家干旱减灾中心等均采用 SPI 指数进行美国干旱监测（图 2.3）[34]。

干旱在不同时间尺度内，对不同水资源的影响不同，如土壤湿度对降水异常的响应较快，地下水、径流和水库对降水异常的响应则需要较长时间。针对这些特点，可以计算各种时间尺度的 SPI 指数，如 1 个月、2 个月、3 个月、6 个月、24 个月或者更长，因此，SPI 指数既适用于周期较短的农业干旱监测，又适用于周期较长的水文干旱监测。

SPI 指数的缺陷在于其精度依赖于历史降水记录的周期[35]。若要比较不同站点间 SPI 指数，需采用相同周期的历史降水记录。

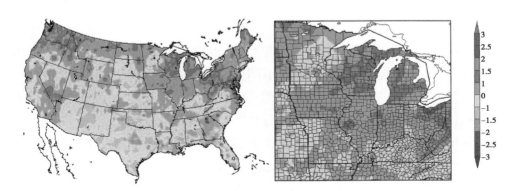

图 2.3　月时间尺度 SPI 指数

上述这些基于气象和水文等地面观测数据的干旱监测方法，同化了降水、流量流速、土壤湿度、水分供给、温度、风等因子，针对性较强，但监测结果时间连续性较弱，实时性较差，而且空间代表性不高。

二、基于遥感面状观测的干旱指数

遥感技术以其时效性强、覆盖范围广、客观准确及成本低等特点，在干旱监测的应用中发挥着巨大的作用。候英雨等[23]和郭虎等[36]认为将遥感干旱监测指数可分为两类，一类是基于地表水和能量平衡模型的干旱监测指数，包括热惯量法和蒸散法；另一类是基于地表反射率和发射率的干旱监测指数，即植被指数法。土壤热惯量是土壤的一种热特性，它是引起土壤表层温度变化的内在因素。Waston 等[37]较早研究土壤热惯量模型，并构建了用地表温度日较差推算热惯量的简单模式。Kahle[38]和 Rosema 等[39]分别在此基础上提出了热惯量的概念模型和计算模式。蒸散法是通过计算农作物的区域内与土壤蒸发和植被蒸腾相关的地表蒸散量建立干旱监测模型。Jackson 等[40]根据热量平衡原理，反演叶片温度、土壤水分与植被指数间的关系，提出作物缺水指数（Crop Water Stress Index，CWSI）。Moran 等[41]改进了 CWSI 指数在植被郁闭冠层的限制，建立了水分亏缺指数（Water Deficit Index，WDI）。

基于地表反射率和发射率干旱监测指数方法，是种类最多、应用最广的一种干旱监测类别。针对不同的地域、时间范围、传感器类型、应用领域，大量的植被指数被研究开发，比如归一化植被指数（Normalized Difference Vegtation，NDVI）[42]、增强型植被指数（Enhanced vegetation index，EVI）[43]、植被状态指数（Vegetation Condition Index，VCI）[44]、温度状态指数（Temperature Condition Index，TCI）[45]、植被健康指数（Vegetation Health Index，VHI）、植被供水指数（Vegetation Supplication Water Index，VSWI）[46]、温度植被干旱指数（Temperature Vegetation Dryness Index，TVDI）[47]、垂直干旱指数（Perpendicular Drought Index，PDI）、距平植被指数（Anomaly Vegetation Index，AVI）[48]、标准植被指数（standard vegetation index，SVI）、归一化差异水分指数（normalized difference water index，NDWI）、全球植被水分指数（global vegetation moisture index，GVMI）等。

陈维英等[48]利用从环境监测气象卫星归一化植被指数资料中提取 AVI 指数，应用于 1992 年特大干旱监测中。刘小磊等[49]分析比较了 NDWI 指数和 SWIR 指数，认为 NDWI 对植被冠层的水分含量更为敏感，且能较为精准地反映短期干旱的时空变化。冯强等[50]利用 1981—1994 年的 NDVI 数据和全国土壤湿度农业观测站点资料，建立了 VCI 指数与土壤湿度的函数关系式，并用此模型实现全国旬旱情分布情况，构建了"全国干旱遥感监测运行系统"。

三、多干旱指数组合

由于干旱自身的复杂特性和对社会影响的广泛性，干旱指标大都是建立在特定的地域和时间范围内，有其相应的时空尺度，单个干旱指标很难达到时空上普遍适用的条件。为此，Balint 和 Mutua[51]设计了一种组合干旱指数（Combined Drought Index，CDI）。但该指数仅是降雨干旱指数（Precipitation Drought Index，PDI），植被干旱指数（Vegetation Drought Index，VDI）和温度干旱指数（Temperature Drought Index，TDI）的线性组合。Sharma[52]利用数据挖掘的方法，以 VCI 指数和 SPI 指数为数据输入，实现印度 Karnataka 州干旱监测。美国气候预报中心（Climate Prediction Center，CPC）采用加权的方式组合多种干旱指数用于短期或长期干旱监测[53]。比如：针对短期干旱监测，CPC 采用 35%的帕尔默 Z 指数、25%的 3 个月周期降水、20%的 1 个月周期降水、13%的气候预测中心土壤湿度模型以及 7%的修正帕尔默干旱指数。中国国家气候中心以 SPI 指数和湿润度指数为基础，考虑短期降水量，实现对全国范围的干旱实时监测[54]。下面介绍几种典型的多干旱指数组合案例。

1. 综合气象干旱指数 CI

综合气象干旱指数是利用近 30 天（即月尺度）和近 90 天（即季尺度）标准化降水指数，以及近 30 天相对湿润度指数进行综合而得，该指数既反映短时间尺度（月）和长时间尺度（季）降水量气候异常情况，又反映短时间尺度（影响农作物）水分亏欠情况，综合气象干旱指数的计算见下式：

$$CI = a\,Z_{30} + b\,Z_{90} + c\,M_{30} \tag{2-1}$$

其中，Z_{30} 和 Z_{90} 分别为近 30 和近 90 天标准化降水指数 SPI 值，M_{30} 为近 30 天相对湿润度指数。

2. 植被干旱响应指数

植被干旱响应指数（Vegetation Drought Response Index，VegDRI）[55]综合考虑了植被生长状况在遥感影像上的表象、气象干旱因子和植被生理特性对环境的适应性，是用于描述植被干旱胁迫程度的指数。美国 VegDRI 干旱监测，其遥感数据主要采用 NOAA AVHRR 的 NDVI 数据集，结合 SPI 和 PDSI 等气象干旱指数，并综合考虑土地覆盖类型、地形、生态区域、灌溉状况等因素（图 2.4）。

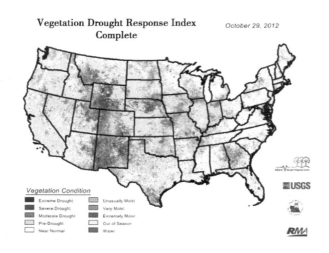

图 2.4　美国 VegDRI 干旱监测

3. 美国干旱监测（U. S. Drought Monitor，USDM）

NOAA 和 USDA 海外农业局（Foreign Agricultural Service，FAS）利用 USDM 实现美国地区植被干旱的监测（图 2.5（a））[56]。

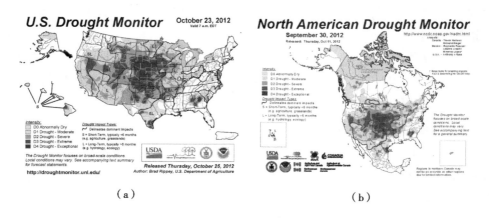

（a）　　　　　　　　　　　　（b）

图 2.5　美国干旱监测

USDM 是多种干旱指数的融合，包括 PDSI、SPI、正常降水百分比（Percent of Normal Precipitation，PNP）[57]、土壤湿度和径流、NDVI 等。除了各个指数自身对 USDM 的精度造成影响外，降水数据的不确定性和土壤水分条件的异质性可能会给 USDM 干旱监测造成很大的不确定性[26]。另外，USDM 仅适用于北美地区（图 2.5（b））。

第三节　作物物候检测方法研究现状

除了利用地面调查或实测的技术手段外，当前作物物候检测主要采取的指标包括有效积温和遥感植被指数。

一、基于有效积温的方法

作物的生长发育需要一定的温度条件。每种作物都有其适宜生长的上下限温度。当温度在上下限温度范围内时，作物才能生长发育。若超出该温度范围，则生长活动被抑制。当作物生长发育所需的其他条件均满足时，在该温度上下限范围内，温度与发育速度呈正相关关系，并且需累积到一定的温度总和，才能完成某发育阶段。该温度的累积数称为有效积温（Accumulated Growing Degree Days，AGDDs）。

当前有许多作物生长模型也主要采用温度变量，实现对作物物候信息的预测。比如由荷兰瓦赫宁根大学开发研制的 WOFOST（WOrld FOod STudies）模型[58]、美国华盛顿州立大学研制的 CropSyst（Cropping Systems Simulator）作物系统模型[59]、美国国家开发署授权夏威夷大学开发研制的 DSSAT（Decision Support System for Agrotechnology Transfer）系列模型[60]、美国华盛顿州立大学开发的土壤水特性 SPAW（Soil-Plant-Air-Water）模型[61]、荷兰 Wageningen 大学开发的 SWAP（Soil-Water-Atmosphere-Plant）模型[62]等。王宗明等[63]修正了 CropSyst 模型，并将其用于中国松嫩平原黑土区主要作物生产潜力模拟应用中。

二、基于遥感植被指数的方法

卫星遥感技术被广泛应用于作物物候检测中。在作物物候检测应用中，最常用的为植被指数（Vegetation Indices，VIs），尤其是反映地表作物覆盖和生长状态的 NDVI 指数[64]。对于针对 VIs 的作物物候检测方法，主要分为 4 类[65]：阈值法、导数法、平滑函数以及滤波模型法等。

1. 阈值法

阈值法主要利用预先确定的阈值（硬阈值）或相对参考阈值（软阈值）确定生长期的开始与结束时间[7]。比如均值法[66-67]、最快变化率法[68]、中值法[69]，比值法（处于最大和最小值间的比例）[70]。Karlsen 等[66]先利用多年存档数据计算 NDVI 均值和年最大值的均值，计算过程中只取 NDVI 大于 0 的值，以便削弱因冰雪覆盖和极夜现象造成的噪声。当 NDVI 时间序列达到 NDVI 均值时，则定义为生长开始期；当 NDVI 时间序列再次低于 NDVI 年最大值均值的70%时，则定义为生长结束期。Piao 等[68]分析了 1982—1999 年中国地区的 AVHRR NDVI 时间序列，计算得到 18 年 NDVI 均值时间序列，然后利用 NDVI 均值时间序列的变化率确定生长初始期和结束期。White 等[69]先统计年 NDVI 的最大值和最小值，计算得到中值，然后把 NDVI 值首次高于中值的时间节点定为生长开始期，把再次低于该中值的时间节点定为生长结束期。中值法可以看做是比值法[70]的子集，只不过比值法的阈值设定更为灵活。该类方法检测结果依赖于选定的阈值，容易受数据噪声的影响。

2. 导数法

导数法对应于检测植被指数时间序列的拐点或局部极值点（局部最大、最小值）[71-72]。Baltzer 等[73]利用移动窗口统计时间序列的变化趋势，即首先采用回归法统计窗口内 NDVI 时序数据的坡度，接着计算出时间节点的二阶导数。当坡度为正值，且二阶导数达到局部最大值时，则定义为生长开始期；当坡度为负值，且二阶导数达到局部最大值，则定义为生长结束期。Sakamoto 等[71]利用最小点（一阶导数等于 0 且值从负值变为正值）和拐点（二阶导数等于 0 且值从负值变为正值）作为检测水稻作物耕种期的标准。但该类方法面临的问题在于很难确定检测的时间节点与作物物候的对应关系，也就是说缺乏物理机制。当整个时间序列比较平缓，缺少陡峭和急促的差异时，往往无法检测出生长开始与结束期。另外，为了抑制云层等噪声的干扰，我们处理的 NDVI 时间序列往往预先经过影像最大值合成（MVC）处理，利用导数法检测出的生长结束期将比实际时间延后。

3. 平滑函数法

该类方法是先利用平滑函数削弱时间序列的噪声，然后根据设定的规则，检测作物物候信息。常用的方法有移动平均法[66]、傅里叶分析法[68]、小波变换函数法[74]等。Reed 等[7]采用自回归移动平均法实现生长开始与结束期的自动检测。Karlsen 等[66]采用 3×3 的中值滤波实现 NDVI 时间序列的去噪处理。Moody 和 Johnson[75]利用离散傅里叶变换分析植被时间序列数据。该方法的优点在于频率域分解可去除高阶谐波，而保留一阶和二阶谐波，力图尽量恢复植被覆盖信息。Sakamoto 等[71]利用小波变换方法对 MODIS EVI 时间序列进行平滑处理，抑制噪声干扰。平滑函数法的缺点在于平滑噪声的同时，也可能平滑掉潜在的特征信息。

4. 滤波模型法

该类方法是利用构建的数学函数对时间序列进行滤波处理，比如二次函数模型、局部高斯函数、非对称高斯函数[76]、Savitzky–Golay 函数法、对数函数等。Jönsson 和 Eklundh[70、76]针对植被物候检测应用，开发出适用于时间序列数据处理的用户图形接口"TSM GUI"，并相应的集成了局部非对称高斯函数、Savitzky–Golay 函数以及对数函数等方法实现时间序列的滤波处理。这类方法的缺点在于难以确定函数的参数，以实现作物物候的动态检测。

除此之外，由于作物的播种和生长、绿叶的密度、土壤背景等造成的影像纹理特征区域差异，可用于间接反映植被的生长发育状况。Culbert 等[77]探讨了影像纹理特征随植被物候变化的规律，但缺乏定量化的分析结果。综上所述，结合有效积温、遥感植被指数、纹理等特征，有望成为作物物候检测的一种可行途径。

本章小结

本章从遥感植被对地观测技术、农业干旱监测方法以及作物物候检测方法 3 个方面对国内外已有技术手段和研究成果进行了综述与分析。通过对国内外相关研究现状的分析发现，对于农业干旱监测研究，多干旱指数的融合处理将成为农作物旱情监测的趋势；而结合有效积温、遥感植被指数、纹理等特征，或将成为作物物候动态检测的途径。作物物候检测和农作物干旱监测的效率和准确度仍有待提高。这为本书后续章节的研究提供了参考。

第三章 基于分形的玉米作物物候遥感特征提取方法

农作物物候（发育阶段）反映的是自然界作物发育的周期性规律，及其与周围环境条件的依赖关系。农作物物候的自动检测可为修正遥感干旱指数提供理论依据。本书分析了玉米作物生育期过程中遥感影像分维变化的特点，建立了遥感影像分维值与玉米作物物候的联系。针对玉米作物像元呈块区在遥感影像上分布的特点，提出了一种降维-差分计盒维数法（Dimensionality-Reduction based Differential Box-Counting algorithm，DR-DBC），以实现对遥感影像不规则 ROI 的分维估计；通过构建拟合函数，实现对分维时间序列峰值的自动检测；利用玉米作物遥感影像分维时序变化原理，建立了分维时序峰值与玉米作物物候的对应关系，并利用地面调查数据进行了实验验证；通过构建一系列的对比因子和对比指标，对分维鲁棒性进行了检验。结果表明，分维可作为一种反映玉米作物生育过程中遥感影像粗糙度变化的指标，并可以用来表征玉米作物不同的物候特征。

第一节 分形与分维

一、分形及分维估计

分形几何认为部分与整体以某种形式存在着相似性，即自相似性。所谓自相似性，是一种尺度变换下的不变性（scale-invariance），即在不同尺度下观察分形体可以看到近似相同的表象。这种相似的结构特征，不因尺度的变化而改变。分形几何最早由 Mandelbrot[78] 提出，并用分维描述自然界实体形状的复杂性和不规则性。Pentland[79] 将分形引入到影像处理中，提出利用三维分形模型对纹理影像实现分割和分类的频域方法。分形几何解决遥感影像处理问题的针对性和实用性，可以归结于：尽管遥感影像在光谱和空间上具有复杂性，但它们往往在不同的空间尺度上表现出一定的相似性[80]。纹理表面的分维值跟我们直观概念上的粗糙度一致[79]，因此可以用分维来描述空间异质性[81]。

Mandelbrot[78] 从量测的角度引入了分维的概念，即将维数从整数维扩展到分数维。对于分维，并没有统一的定义，分维定义方法有 Hausdorff 维数、计盒维数、Packing 维数等。影像或影像子区分维估计可采用[82]：①基于不同尺度下的覆盖数来估计分维，称为计盒维数（或 Minkowski - Bouligand 维、Kolmogorov 容量维、Kolmogorov 维等）；②基于分形布朗运动模型的 Hurst 指数估计分维，可称为布朗运动维数。通常，计盒维数适用于计算区域较大的应用，这样能保证有足够的盒子数用于统计分析；布朗运动维数适用于计算区域较小的应用，这样可保证在无标度区域内进行统计分析。然而这些方法，大多仅适用于规则影像或影像子区域，却无法估计影像不规则 ROI 的分维（图3.1）。接下来的章节将着重分析影像不规则 ROI 分维估计方法。

对于影像不规则 ROI 的分维估计通常有 4 种解决方法：直接估计法、裁剪估计法、局部维数均值法以及降维估计法。

1. 直接估计法

现有分维估计方法，大部分都不能直接应用于影像不规则 ROI。然而，变差函数图法（variogram method）却是一特例。变差函数图法基于分析的曲面是分形布朗曲面（fractional Brownian surface）这一假设。Lam[80] 总结出变差函数图法具备以下 3 种特性：（1）该方法既适用于规则数据，也适用于不规则数据；（2）对于不规则多边形数据，可以利用多边形的重心确定的变差函数，来表示多边形数据；（3）相

图 3.1　影像/曲面不规则 ROI

对于等值线法（isarithm method），变差函数图法具备更好的稳定性。Oczeretko[81、83]将该方法应用于医学领域，用于估计医学影像不规则ROI 的分维，比如全景 X 线摄影术和核医学扫描产生的影像。

变差函数图法反映的是研究影像内，所有可能的点对距离尺度与该尺度统计出的点对数之间的联系。图 3.2（a）显示的 5×5 大小影像中，存在 14 种可能的尺度，300 对点对；图 3.2（b）显示的不规则影像 ROI 内（共 11 个像元），存在 9 种可能的尺度。

2. 裁剪估计法

裁剪估计法的思路为：从不规则影像区域裁剪出规则影像子区域，利用子区域的分维值近似替代不规则影像区域的分维值。Quevedo 等[84]利用裁剪出的各种食物（比如南瓜、薯片、薯泥、胡萝卜、苹果、面包、香蕉、巧克力等）规则影像子区域，分析分维特点。该方法依赖于"影像子区域与研究区影像具有相同分维数"这一假设条件。然而，我们所使用的影像大多为自然影像，并不具备严格意义上的分形定义。因而，利用该方法估计出的分维值难免存在误差。另外，该方法同样受影像区域大小的限制。如果研究区影像过于破离，会导致裁剪出的影像子区域过小，不具备统计意义。

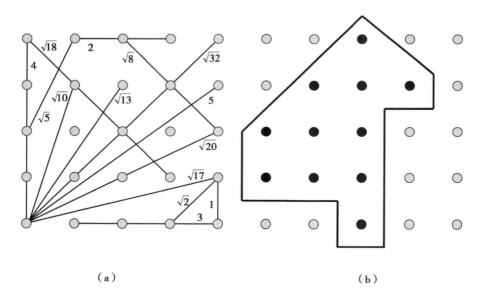

（a） （b）

图 3.2 变差函数图估计法

3. 局部维数均值法

局部维数均值法即利用不规则影像区域内的所有像元局部分维值（采用移动窗口计算方法）的均值，作为不规则区域影像的分维值。该类方法的精度，与所选取窗口的大小有关。估计之前，先根据应用需求选取适宜的移动窗口。另外，该类方法需要解决当窗口内的有效像元过少，不具备统计意义时如何估计的问题。

4. 降维估计法

高维空间分形可由低维空间分形直接系统的构建[85]。Klinkenberg[86]采用降维（dimensionality-reduction）的思路估计曲面的维度。具体做法为：首先估计曲面轮廓线或剖线的维度，然后简单地加 1 得到曲面的维度。接下来将介绍利用分形乘积原理降维的思路。

假设 E 和 F 分别是 R^n 和 R^m 空间的子集，对于笛卡尔乘积（Cartesian Product）来说，毫无疑问 $E \times F = \{(x, y) \in R^{n+m}\}$，或 dim($E \times$

$F) = \dim E \times \dim F$。然而，该等式对于分维来说并不一定成立。其更一般的关系可以表示为[87]：

$$dim_H(E) + dim_H(F) \leqslant dim_H(E \times F) \leqslant dim_H(E) + dim_P(F) \leqslant$$
$$dim_P(E \times F) \leqslant dim_P(E) + dim_P(F) \tag{3-1}$$

其中，dim_H 表示 Hausdorff 维数；$dim_P(E)$ 表示 Packing 维数。第一个不等式由 Besicovitchand[88] 首先提出，之后 Eggleston[89] 对其进行了补充，Marstrand[90] 将其推广到 R^d 空间，成为通用定理。剩余 3 个不等式由 Tricout[87] 证明提出。

我们现在讨论计盒维数乘积的基本属性。在度量空间 X 中，对于紧致集（compact set）$F \subset X$，其上盒维数（upper box dimension）$\overline{dim_B}(F)$ 和下盒维数（lower box dimension）$\underline{dim_B}(F)$ 表示为：

$$\overline{dim_B}(F) = \limsup_{\delta \to 0} \frac{\log N_\delta(F)}{- \log\delta} \tag{3-2}$$

$$\underline{dim_B}(F) = \liminf_{\delta \to 0} \frac{\log N_\delta(F)}{- \log\delta} \tag{3-3}$$

其中，$N_\delta(F)$ 是以直径最小为 δ 的实体完全覆盖紧致集 F 所需盒子的最少个数。另外，Falconer[85] 认为对于任意集合 $E \subset R^n$ 和 $F \subset R^m$（$m, n \in R$）存在：

$$\overline{dim_B}(E \times F) \leqslant \overline{dim_B}(E) + \overline{dim_B}(F) \tag{3-4}$$

$$\underline{dim_B}(E \times F) \geqslant \underline{dim_B}(E) + \underline{dim_B}(F) \tag{3-5}$$

对于计盒维数来说，其基本属性表现为上盒维数和下盒维数相等[85]，即 $\overline{dim_B}(F) = \underline{dim_B}(F)$。因此，

$$dim_B(E \times F) = dim_B(E) + dim_B(F) \tag{3-6}$$

二、降维-差分计盒维数法

数字影像可以表示为像素位置及对应颜色强度构成的三维空间曲面，该曲面的空间分布反映了影像纹理的特点。NDVI 影像中，二维平

面 (x, y) 刻画像素位置，z 轴刻画 NDVI 值。因而，三维空间的分维 fd_{3D} 既反映了像素位置的不规则性，也反映了 NDVI 值的空间粗糙度（或异质性）。记 fd_{xy} 为 (x, y) 平面的分维，用于刻画玉米作物像素位置分布的不规则性；记 fd_z 为 z 方向的分维，用于刻画玉米作物 NDVI 值空间异质性（图 3.3）。根据式（3-6）可知，

$$fd_z = fd_{3D} - fd_{xy} \qquad (3-7)$$

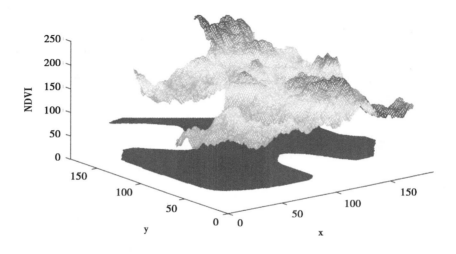

图 3.3　不规则 ROI 影像三维空间示意图

注：fd_{xy} 刻画的是 (x, y) 平面不规则边界或像元位置的不规则性；fd_z 刻画的 NDVI 值的空间异质性

根据式（3-7）可知，降维-差分计盒维数法（DR-DBC）可以分为两部分，即分别估计出 fd_{3D} 和 fd_{xy} 的维数值。对于 fd_{3D} 的估计，我们提出一种修正差分计盒维数法。计盒维数法是差分计盒维数法（differ-ential box-counting，DBC）[91] 的基础。但 DBC 算法较常规计盒维数法具有更高的效率和精度[92]。假设影像大小为 $m \times n$ 像元。为了简化计算，影像大小被扩展成 2 的指数倍。假设扩展后的影像大小为 M，那么：

$$M = \left[log_2(max(m, n)) \right] + 1 \qquad (3-8)$$

其中，$max(m, n)$ 函数表示从 m 和 n 中取最大的值；$[\cdot]$ 为向下取整函数。

扩展后的非兴趣区域的像元被当作背景。接着，(x, y) 平面被一系列尺度 r，划分成 $s \times s$ 大小的格网，其中 $M/2 \geqslant s > 1$，s 是 2 的指数倍，$r = s/M$。这样每次划分的立方体的大小为 $s \times s \times s'$，其中 $[G/s'] = [M/s]$。假设 NDVI 影像的灰度范围（灰度级）为 0 到 254（本书中灰度值 255 被用于表示背景或无效数据），那么 $G = 255$。

假设 (x, y) 平面划分后的第 (i, j) 个格网所含像元的最大值为 $max_z(i, j)$，最小值为 $min_z(i, j)$。那么，该格网所含盒子数 $n_r(i, j)$ 为：

$$n_r(i, j) = \left[\frac{max_z(i, j) - min_z(i, j)}{G} \cdot \frac{M}{s} \right] + 1 \qquad (3-9)$$

如果第 (i, j) 个格网所含像元都是背景像元（没有玉米作物类型），那么 $n_r(i, j)$ 等于 0。记 N_r 为 r 尺度下所有格网所含盒子数，即 $N_r = \sum_{i, j} n_r(i, j)$。这样，我们利用最小二乘线性拟合 $log(N_r)$ 和 $log(1/r)$ 得到 fd_{3D}。

fd_{xy} 的估计相对于 fd_{3D} 来说较为简单。基于上述扩展到 $M \times M$ 大小的影像和尺度划分方式，统计包含玉米作物格网的个数，然后利用同样的方法拟合得到 fd_{xy}。

最后利用公式（3-7）可计算得出表示 NDVI 影像兴趣区粗糙度的 fd_z。以这种方式进行盒计数，可提供对 NDVI 影像表面在空间域和光谱域上更为近似的统计。

第二节　分维与玉米作物物候

玉米作物在整个生长周期过程中，将经历播种期、出苗期、抽丝期、乳熟期、蜡熟期、完熟期和收割期[93]。其中，出苗期、抽丝期、乳熟期、蜡熟期、完熟期属于严格意义上的玉米作物物候。接下来的章节将着重介绍玉米作物遥感影像分维变化的原理，以及分维变化与作物物候的联系。

一、分维变化原理

综上可知，分维可用于描述遥感影像纹理的异质性或粗糙度。影像纹理越粗糙，分维值越高，反之越低。

笔者认为：玉米作物在整个生长周期过程中，其对应遥感影像纹理的粗糙度会出现两个峰值。第一个峰值出现在出苗期。该生长期处于玉米作物发育阶段的早期。玉米苗出芽，冠层逐渐显现。新长出的玉米绿叶以裸露土壤为背景，构成了玉米地的主体。通常，玉米绿叶和土壤背景具有不同的光谱反射率。玉米绿叶的 NDVI 较高，而土壤背景的 NDVI 值偏低。这种 NDVI 值差异明显的空间分布，将使得玉米地纹理粗糙度偏高，分维值大。另外，因为不同农作区播种时间不一致，使得玉米作物并非同时刻出芽，也是造成该时段影像纹理粗造度偏大、分维值高的因素。出苗期后的一段时间内，因为玉米作物的冠层覆盖整个农田，其对应遥感影像的纹理较为均一，故粗糙度偏低，分维值较小。

另一个峰值出现在收割期。该生长期的分维值偏高，主要由两方面的因素造成。一方面，玉米叶子中的叶绿素分解转变成叶黄素，即叶子的颜色逐渐由绿色衰退成黄色。叶绿素含量的多少，直接影响 NDVI 值的大小。由于不同植株或田块衰退步调不一致，造成 NDVI 值空间分布的差异变大，即造成影像纹理的粗糙度偏大。另一方面，玉米作物的收割也是分维变化的主要因素。不同农作区收割的步调不一致，使得某一田块的玉米被收割，另一田块未被收割。收割后裸露的土壤，和未被收割残留的绿色玉米叶子或秆混杂在玉米地中，造成 NVDI 值差异明显，使得影像纹理的粗糙度偏大。

二、NDVI 影像预处理

尽管我们所采用的遥感影像至少为二级产品（比如 MOD09GQ），但依然存在数据误差。大部分影像在获取时都会或多或少地受到气溶胶、云以及云在地面投射的阴影等的影响。这些误差总体趋于降低 NDVI 值。通常，高 NDVI 值比低 NDVI 值具有更好的信任度。为了减少数据误差，同时能和地面实测数据（比如 NASS 的 CPRs 数据）具有同样的时间分辨率，可采用最大值合成（Maximum Value Composite，MVC）法，对 NDVI 影像进行合成。该算法是基于逐像元进行运算的，能最大限度地减小因云层覆盖或数据缺失造成的数据空白，并能克服系统误差造成的光谱值衰减。

另外，因我们主要关注遥感影像中的玉米田块的像元，故可利用影像掩膜技术过滤非玉米田块的像元（如道路、建筑物、河流、其他作物类型田块等）。

三、分形无标度区间

对于掩膜处理后的 NDVI 影像，采用 DR-DBC 算法估计其分维值。一般情况下，常规全局或局部分维估计算法往往只能作用于整幅影像或邻域像元。而 DR-DBC 算法不仅适用于影像规则 ROI，且适用于不规则 ROI，即该算法可用于掩膜处理过的 NDVI 影像。另外，遥感影像的自相似性并不严格，它们只是在一定尺度范围内具有统计自相似性。分形体任一局部的某项统计分布性质都与整体相似，即统计自相似性，而自相似性存在的空间尺度范围即无标度区间。处于无标度区间的几何对象才具有自相似性和标度度不变性，才能被称为分形体。本研究中，无标度区间由分形直线拟合时效果确定。

由图 3.4 可知，fd_{xy} 和 fd_{3D} 的直线拟合较好，即对州界 NDVI 影像所选用的尺度范围符合分形自相似性。NDVI 影像具备统计自相似性的可能原因有：①原始 NDVI 影像被掩膜处理，也就是说处理后的 NDVI

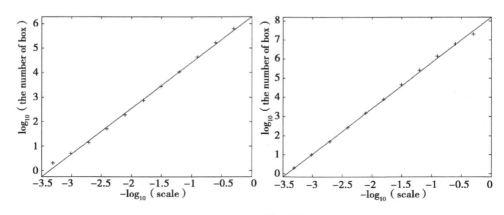

图 3.4　分形拟合结果

注：横轴为尺度的对数，纵轴为计盒数的对数；数据：Iowa 州 2002 年第 13 周

影像仅包含玉米田地，目标对象比较单一，故无标度区间的范围更广；②分维估计采用 DR-DBC 算法，而 DR-DBC 属于计盒维数，对无标度区适宜范围较广[94]。

四、分维变化峰值检测

笔者在介绍玉米作物分维变化原理时，对分维时序曲线的变化做了双峰假设。准确快速地拟合分维时序数据，并检测出曲线对应的峰值，可有效地提高玉米作物物候的检测精度。针对不同的分维时间序列类型，本研究采用不同的曲线拟合方法，即：针对单年生育期时段的分维时间序列，可采用双高斯函数拟合法；针对多年连续的分维时间序列，可采用局部非对称高斯函数拟合法[76]。

1. 局部非对称高斯函数拟合法

在每个生长周期范围内，分形时间序列具有双峰结构，故本研究利用双高斯分布函数拟合曲线（图 3.5），然后再根据检测出的峰值来确定出苗期和收割期，该双高斯分布函数具有 6 个参数：

$$f(x) = \sum_{k=1}^{2} a_k \cdot exp\left(-\frac{(x-b_k)^2}{c_k^2}\right) \qquad (3-10)$$

其中，a_k 为每个高斯函数的振幅，b_k 为中心，c_k 为宽度，$k = 1$，2。

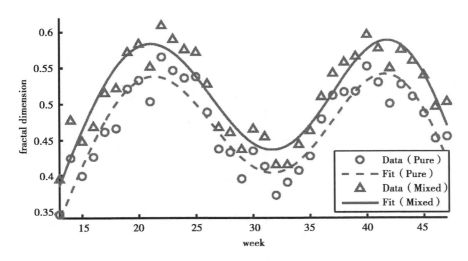

图 3.5　双高斯分布函数拟合分形时间序列

数据来源：Iowa 州 2007 年

2. 局部非对称高斯函数拟合法

局部非对称高斯函数是非对称高斯函数的扩展。Jönsson 和 Eklundh[70、76] 对局部非对称高斯函数作了定义，并开发出适用于时序数据的影像用户接口 "TSM GUI"[95]。该影像用户接口基于 Matlab 语言，是 Timesat 软件的子模块，提供了多种函数的拟合，包括非对称高斯函数（图 3.6（a））、双 log 函数（图 3.6（b））以及自适应 Savitzky-Golay 滤波函数（图 3.6（c））。

五、实验分析

为了验证本书玉米作物分维时序变化假设的合理性，以及检测方法的有效性，笔者利用美国 Iowa 州 2001—2010 年生育期（从第 13 周

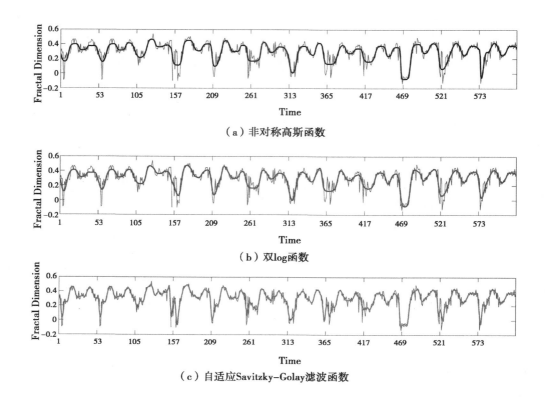

（a）非对称高斯函数

（b）双log函数

（c）自适应Savitzky–Golay滤波函数

图 3.6　Timesat 拟合函数

至第 47 周）的数据进行验证。具体数据集包括：

（1）日 NDVI 时序影像。其来源于经大气校正过的 MODIS MOD-09GQ（250 米地表反射率）数据集。MOD09GQ 为日栅格化二级数据产品（L2G），提供 250 米空间分辨率日覆盖影像。该产品包含红光波段（645nm）、近红外波段（858nm）以及 3 个用于标示波段质量、轨道覆盖、观测量的辅助波段。该数据集被乔治梅森大学空间信息科学与系统中心处理为日 250m 空间分辨率 NDVI 产品，并通过"Vegetation Condition Explorer"（http://dss.csiss.gmu.edu/NDVIDownload/）发布。

表 3-1　Iowa 州玉米作物物候 NASS 统计数据

年份	出苗期（%）								收割期（%）												
	16*	17	18	19	20	21	22	23	35	36	37	38	39	40	41	42	43	44	45	46	47
2001	—	—	7	33	58	77	87	92	—	0	2	3	5	9	14	29	53	76	93	98	—
2002	1	6	17	45	76	93	99	100	—	4	6	10	13	21	41	61	76	89	96	99	—
2003	0	3	12	38	68	85	96	99	—	3	5	10	17	31	55	78	91	96	98	—	—
2004	1	9	36	73	90	98	99	—	—	0	2	5	8	16	30	47	62	77	87	94	97
2005	—	5	14	41	76	93	98	—	—	1	3	7	12	20	36	61	80	91	96	—	—
2006	—	5	19	42	71	92	99	100	—	1	3	4	8	17	31	48	67	84	93	96	98
2007	0	0	7	36	65	86	93	100	—	2	4	7	13	22	37	41	63	83	93	97	—
2008	—	0	2	18	54	77	89	95	—	—	0	2	3	7	13	20	43	62	70	86	—
2009	—	2	24	54	78	90	95	99	—	—	—	2	3	6	10	12	18	34	59	78	87
2010	2	19	48	66	84	94	98	99	1	3	6	8	19	40	66	86	94	98	—	—	—

注：* 表示第 16 周；该统计报告显示是给定行政区（州或农业区）范围内，玉米作物某一发育阶段达到或已完成的面积百分比。

（2）作物类型分类图。其来源于由 USDA/NASS 发布的 CDL（Cropland Data Layer）数据，可通过"CropScape"（http：//nassgeoda-ta. gmu. edu／）免费获取。CDL 是对美国主要的农作物的遥感分类图。所采用的遥感影像主要来源于 AWiFS 传感器（Resourcesat-1 Advanced Wide Field Sensor）（空间分辨率56m）和 ETM（Landsat Enhanced The-matic Mapper）（空间分辨率30m）。USDA/NASS 自 2000 年起开始提供美国大陆的 CDL 数据。因所用遥感影像数据的差异，2006—2009 年的空间分辨率为 56m，其他年份为 30m。

（3）作物物候地面调查数据（Crop Progress Reports，CPRs）。其为 USDA 地面统计值，包括美国主要作物产地、主要作物类型每周的生长状况调查统计。该数据集可通过 NASS 的"Quick Stats 2.0"（ht-tp：//www. nass. usda. gov/Quick_ Stats/）平台免费获取。表 3-1 列出了 2001—2010 年 10 年间 Iowa 州玉米作物出苗期和收割期两个发育阶段的统计数据。

为了进一步消除云、大气和太阳高度角等对日 NDVI 影像的干扰，本书采用 MVC 算法将日 NDVI 影像合成为周 NDVI 影像。合成过程中，星期一作为每周的起始日，这样可与 CPRs 数据（周一统计上周的结果）建立一一对应关系。

表 3-2 双高斯分布函数拟合分形时间序列

年份	系数[①]				峰值		拟合误差			
	a_1	b_1	c_1	a_2	b_2	c_2	m_1	m_2	AR2[②]	RMSE[③]
2001	0.618	19.5	11.92	0.625	43.5	15.97	21.3	42.5	0.59	0.0372
2002	0.612	17.7	10.24	0.650	42.0	16.63	19.2	41.8	0.84	0.0226
2003	0.591	18.4	10.80	0.637	42.0	17.04	20.3	41.5	0.74	0.0262
2004	0.674	19.5	14.39	0.589	43.7	12.46	20.2	42.0	0.64	0.0301
2005	0.655	18.0	10.80	0.644	41.3	13.97	19.1	40.8	0.76	0.0295
2006	0.595	18.1	9.85	0.629	41.2	16.07	19.6	40.9	0.82	0.0240
2007	0.664	20.5	13.38	0.623	43.1	10.31	20.8	42.0	0.85	0.0227

（续表）

年份	系数①				峰值		拟合误差			
	a_1	b_1	c_1	a_2	b_2	c_2	m_1	m_2	AR2②	RMSE③
2008	0.668	20.7	12.18	0.607	42.8	11.36	21.3	41.8	0.86	0.0224
2009	0.655	20.2	12.15	0.605	42.7	11.89	21.0	41.7	0.75	0.0292
2010	0.653	18.5	12.51	0.608	42.3	13.24	19.5	41.4	0.66	0.0318

注：①在95%置信期间的高斯拟合系数；②AR2＝校正决定系数；③RMSE＝均方根误差；m_1 和 m_2 的单位为周

为了排除合成后 NDVI 影像中非玉米作物像元对分析结果的干扰，本书利用 CDL 数据对周 NDVI 影像进行掩膜化处理。掩膜前需进行数据重采样处理，因为 CDL 数据的空间分辨率为 30m/56m，而周 NDVI 影像的空间分辨率为 250m。因此，掩膜化处理的整个流程包括：①地理匹配，利用 CDL 和周 NDVI 影像的空间参考信息实现地理匹配；②重采样，将高分辨率的 CDL 重采样为 250m 的影像，并计算每个像元内玉米作物与非玉米作物的混合比例；③利用像元纯度（玉米作物在该像元内所占的百分比）作为阈值，生成蒙版影像；④利用蒙版影像对周 NDVI 影像做掩膜化处理。本书选取的像元纯度为 80%，即 NDVI 像元内玉米作物所占比例大于 80%，则该像元保留，否则标示为背景（空值）。同时，为了说明本书方法对混合像元的鲁棒性，纯像元（像元纯度 100%）被掩膜化处理用于对比说明。图 3.5 显示的是像元纯度分别为 80% 和 100% 时的分形时间序列。

笔者采用双高斯分布函数（公式 3-10）对计算出的分形时间序列（像元纯度 80%）进行了曲线拟合。表 3-2 "系数" 栏中显示的数值对应于公式（3-10）的 6 个系数。m_1 和 m_2 分别对应于检测出的第一和第二个峰值。校正决定系数（Adjusted R-square，AR2）[96] 和均方根误差（Root Mean Square Error，RMSE）[96] 为函数曲线拟合误差。校正决定系数 AR2 考虑了回归方程中所含自变量个数的影响，用于评价回归方程的优劣。其值越接近于 1，说明函数拟合程度越好。均方根误差

RMSE 同样可用于评价回归方程的优劣。其值越接近于 0，说明误差越小。这两种误差指标在本书中被用于衡量曲线拟合值与原始值的误差。表 3-2 显示 AR2 的 10 年均值为 0.745，RMSE 的均值为 0.0287。10 年中，相对较差的函数拟合出现在 2001 年，AR2 和 RMSE 分别为 0.60 和 0.0371。这可能是该年第 25 和 26 周数据丢失造成的。总体来说，双高斯分布函数拟合较好，其结果可用于时序数据的分析。

双高斯分布函数检测出的两曲线峰值 m_1 和 m_2（表 3-2）分别对应出苗期和收割期的时间。而 CPRs 地面调查数据，则统计的是某一特定时间对于某发育阶段的百分比。因此为了建立检测出的峰值与地面调查发育阶段百分比的联系，需进行如下操作。

（1）利用分段三次 Hermite 多项式插值（Piecewise Cubic Hermite Interpolating Polynomial，PCHIP）算法[97]，对 CPRs 数据进行插值运算，计算出某发育阶段在有效百分比范围内所对应的时间。有效百分比范围的定义为选取 "10 年统计中百分比最小值的最大值" 至 "10 年统计中百分比最大值的最小值" 即利用该算法得到出苗期从 7% 至 92% 所对应的时间，而收割期则是 4%~86%，插值的百分比间隔为 1%。比如出苗期在步进 1 或 7% 时，2001—2010 年所对应的周分别为 {18.0，17.1，17.6，16.8，17.3，17.2，18.0，18.5，17.2，16.3}。

（2）对于出苗期和收割期的每个步进，分别将插值出的时间与表 3-2 中的 m_1 和 m_2 值逐年比较，计算出总的 RMSE 误差。图 3.7 显示了出苗期和收割期各自在每个有效百分比步进所对应的 RMSE 误差。出苗期最低的 RMSE 误差出现在 84%，而收割期则出现在 31%。

（3）利用得到的百分比（出苗期 84%，收割期 31%）计算 CPRs 统计值（表 3-1）与检测值（m_1 和 m_2，表 3-2）的相关系数（Correlation Coefficient，CC）[96]。出苗期在 84% 时所对应的 RMSE 为 0.5793，相应的 CC 为 0.672；收割期 31% 时所对应的 RMSE 为 1.1179，相应的 CC 为 0.397。出苗期的 CC 相对较高，表明曲线拟合出的第一个峰值与地面调查值在 84% 时关联性程度高；而收割期的 CC 相对较低，说明曲线拟合出的第二个峰值与地面调查值在 31% 时关联稳定性不高。这主要是由于玉米作物在收割期，一定程度上受到人类活动的影响。根据上述的 RMSE 值可知，利用该方法检测出的出苗期和收割期的精度分别为 4 天和 8 天。该结果可媲美于仅利用光谱值的方法。

　　以下因素可能会影响本书方法物候检测的精度：①CDL 数据与 NDVI 影像的数据质量；②利用双高斯分布函数的拟合误差；③地面调查数据 CPRs 在统计时的主观因素误差。在接下来的章节，将讨论分维方法对不同传感器、分辨率、混合像元的鲁棒性。

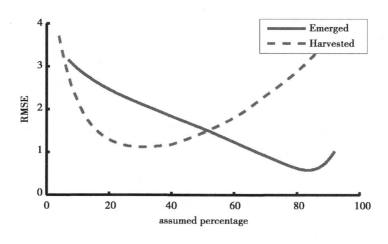

图 3.7　百分比与 RMSE 误差

第三节　分维鲁棒性检验

　　为了验证分维方法的鲁棒性，研究选取美国的 Iowa、Illinois 和 Nebraska 州作为实验区，采用 SPOT‑VGT 传感器的 NDVI 影像和 MODIS 传感器的 NDVI 影像进行对比实验。研究采用的 SPOT‑VGT NDVI 为 MVC 算法 10 天合成产品（S10 产品）。该产品的空间分辨率为 1km，可通过 http：//free. vgt. vito. be/网址免费获取（由比利时的 VITO 研究所维护）。原始的 S10 产品采用的是单圆柱（Plate Carrée）投影，覆盖整个美洲中部。

因为采用的 MODIS NDVI 和 CDL 数据均采用美国连续的 Albers 等面积圆锥投影（USGS 版本）（USA Contiguous Albers Equal Area Conic projection，USGS version），故需对 SPOT-VGT NDVI 进行投影变换和裁剪处理。另外，考虑到与 SPOT-VGT NDVI 时间分辨率一致，MODIS NDVI 被重新进行旬（10 天）合成。合成的日期分别为每月的 1 日、11 日和 21 日。这样 SPOT-VGT NDVI 和 MODIS NDVI 每年均有 36 幅合成影像。MODIS NDVI 在影像掩膜处理中分别采用像元纯度为 0%（掩膜处理中，NDVI 影像中只要存在玉米作物像元即保留）、50% 和 100%，而 SPOT-VGT NDVI 则采用 0% 和 50%（SPOT-VGT NDVI 分辨率过低，纯像元的数量过少，缺乏统计意义，故像元纯度 100% 被摒弃）。

本实验的目的是要验证分维方法对不同传感器、分辨率、混合像元的稳定性。期望不同传感器、分辨率、混合像元所生成的时间序列的趋势和峰值，能保持一致性。为此，本书选取了一系列的对比因子（熵、方差等）和对比指标进行分析说明。

一、对比因子

在遥感影像处理中，除了分形，熵和方差同样能表示影像纹理的异质性（粗糙度）。但它们有不同的侧重点。方差是对影像 ROI 内像元标准偏差的估计值。而熵则衡量的是影像 ROI 内像元的混乱程度。通常，遥感纹理统计分析方法可分为一阶（first-order）、二阶（second-order）、和高阶（high-order）。它们分别研究单像素、一对和多像素邻域内的灰度或其他属性。一阶仅仅是单个像元属性的统计，缺乏对邻域内像元空间分布的描述。根据方差和熵的定义，两者均能在一阶和二阶上进行统计。下面给出详细的计算公式。

1. 一阶统计

一阶统计源自于灰度直方图。一阶方差 V_{1st} 描述的是像元灰度偏离平均值的程度；一阶熵 E_{1st} 则反映的是灰度直方图的均匀度。

$$V_{1st} = \frac{1}{N-1} \sum_{i=1}^{N} (x_i - \mu)^2 \qquad (3-11)$$

$$E_{1st} = - \sum_{g=1}^{G} P(g) log P(g) \qquad (3-12)$$

其中，$\mu = \frac{1}{N} \sum_{j=1}^{N} x_j$；$G$ 为影像 ROI 内不同灰度的类型数；$P(g)$ 为灰度 g 出现的概率。

2. 二阶统计

二阶统计源自于灰度共生矩阵（Gray-Level Co-occurrence Matrix，GLCM）[98]。灰度共生矩阵用两个位置象素的联合概率密度来定义，反映出图像灰度关于方向、相邻间隔、变化幅度的综合信息，它是分析图像的局部模式和它们排列规则的基础。假设影像的灰度级定为 K 级，那么共生矩阵为 $G \times G$ 矩阵。影像中相距 $d = (\Delta x, \Delta y)$ 的两个灰度像素同时出现的联合频率分布可以用灰度共生矩阵表示为 $P_{(\Delta x, \Delta y)}(i, j)$，其中位于 (i, j) 的元素的值表示一个灰度为 i 而另一个灰度为 j 的两个相距为 $(\Delta x, \Delta y)$ 的像素对出现的次数。通常对于一个像素邻域有 4 种方向的偏移向量：$(0, 1)$、$(-1, 1)$、$(-1, 0)$ 和 $(-1, -1)$。分别对应 $0°$（水平），$45°$（右斜角），$90°$（垂直）和 $135°$（左斜角）4 种角度方向。那么对于一幅 $m \times n$ 大小的影像 I，灰度共生矩阵可表示为：

$$P_d(i, j) = \frac{1}{N} \sum_{P=1}^{m} \sum_{q=1}^{n} \begin{cases} 1, & if I(p, q) = i \ and \\ & I(p + \Delta x, q + \Delta y) = j \\ 0, & otherwise \end{cases} \qquad (3-13)$$

其中，(p, q) 是影像像素坐标；N 为有效点对的数量，$N = \sum_i \sum_j P_d(i, j)$。

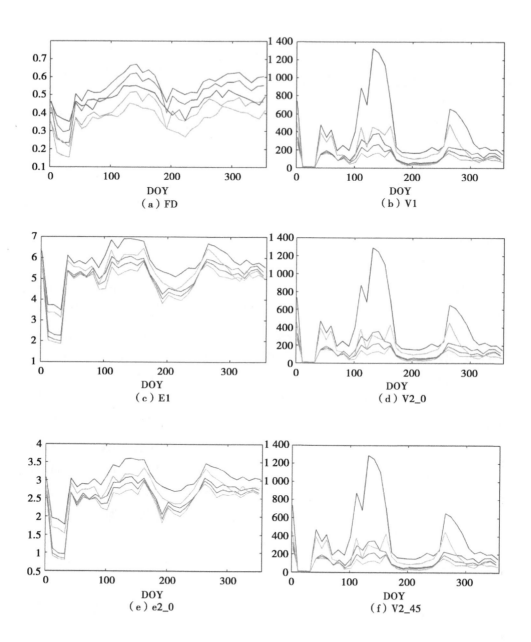

（a）FD

（b）V1

（c）E1

（d）V2_0

（e）e2_0

（f）V2_45

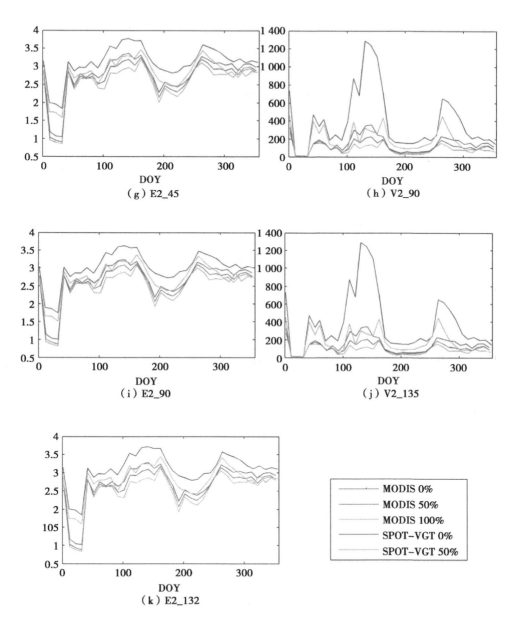

图 3.8 对比因子（Iowa 州，2011 年）

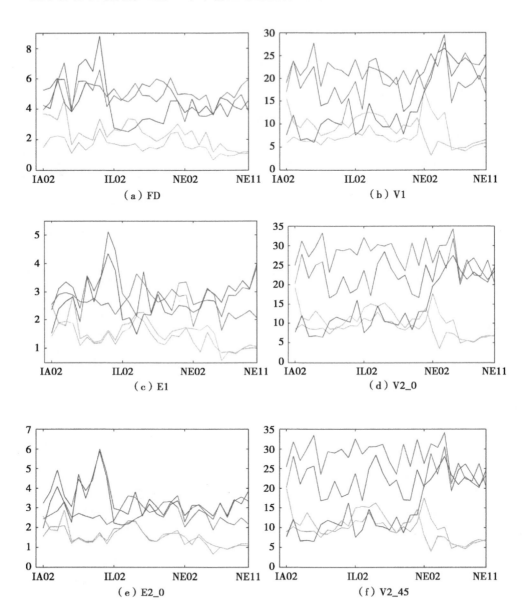

（a）FD

（b）V1

（c）E1

（d）V2_0

（e）E2_0

（f）V2_45

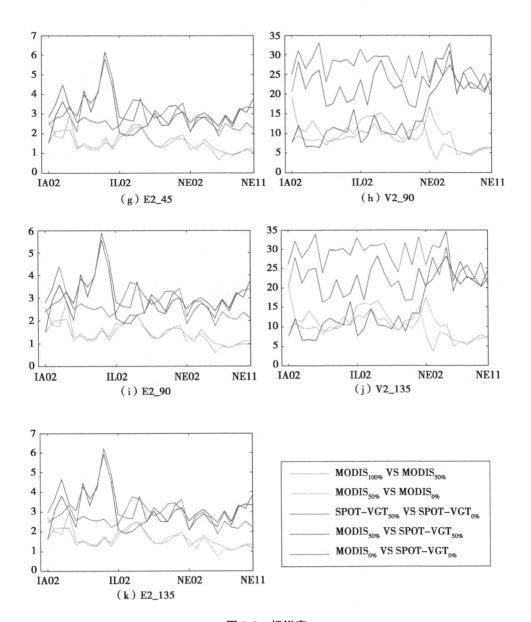

（g）E2_45　　　　　　　　　　（h）V2_90

（i）E2_90　　　　　　　　　　（j）V2_135

（k）E2_135

图3.9　相似度

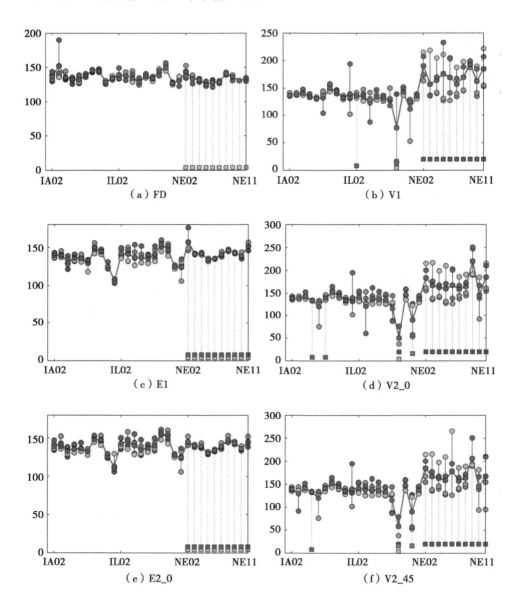

（a）FD
（b）V1
（c）E1
（d）V2_0
（e）E2_0
（f）V2_45

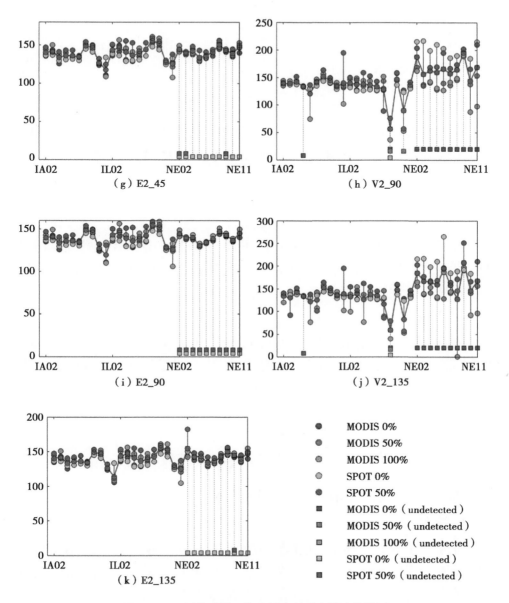

图 3.10　不同传感器、像元纯度所对应的峰值检测

根据 GLCM 定义，二阶方差 V_{2rd} 和熵 E_{2rd} 可表示为：

$$V_{2rd} = \sum_i \sum_j \frac{(i - \mu_x)^2 + (j - \mu_y)^2}{2} P_d(i, j) \qquad (3-14)$$

$$E_{2rd} = -\sum_i \sum_j P_d(i, j) \log P_d(i, j) \qquad (3-15)$$

其中，$\mu_x = \sum_i i \cdot P(i, j)$，$\mu_y = \sum_j j \cdot P(i, j)$。当共生矩阵中所有元素有最大的随机性、空间共生矩阵中所有值几乎相等时，共生矩阵中元素分散分布时，熵较大。它表示了影像中纹理的非均匀程度或复杂程度。

二、对比指标

为了衡量对比因子时间序列在不同传感器、分辨率、混合像元能保持曲线的一致性和峰值的稳定性，笔者采用余弦相似度和峰值稳定性对分维鲁棒性进行衡量。

1. 余弦相似度

利用余弦相似度来评估两个时间序列向量的相似程度。余弦相似度能排除两个时间序列数值级数的差异[99]。相似度 $S(\cdot)$ 可以表示为：

$$\begin{aligned}
S(A, B) &= arccos\left(\frac{[A, B]}{|A||B|}\right) \cdot \frac{180}{\pi} \\
&= arccos\left(\frac{\sum_{i=1}^{n} a_i \cdot b_i}{\sum_{i=1}^{n} (a_i)^2 \cdot \sum_{i=1}^{n} (b_i)^2}\right) \cdot \frac{180}{\pi}
\end{aligned} \qquad (3-16)$$

其中，$[\cdot]$ 为内积函数，$|\cdot|$ 为模函数。

2. 峰值稳定性

因玉米作物整个生育期过程中所出现的双峰模式，在出苗期受到较少人为因素的影响。为此，检测第一个峰值，用于判断峰值的稳定性。峰值检测采用 3.2.4.2 节介绍的局部非对称高斯函数拟合法。不同传感器、分辨率、像元纯度检测出的误差用 RMSE 误差来衡量。

$$\varepsilon = \sqrt{\frac{\sum_{i,j,k}(D_{i,j}(t) - \bar{D}_i(t))^2}{n}} \qquad (3-17)$$

其中，i 为研究样区的序号，如本实验选取了美国 3 个州作为研究样区，即 $i = 1, 2, 3$；j 为传感器、像元纯度组合的序号，如 $MODIS_{100\%}$、$MODIS_{50\%}$、$MODIS_{0\%}$、$SPOT-VGT_{50\%}$ 和 $SPOT-VGT_{0\%}$ 的两两组合；t 为选取的研究年份，如本实验 t 为 2002—2011 年。$D_{i,j}(t)$ 为在某州某年特定组合所对应的峰值检测值；$\bar{D}_i(t)$ 为某州某年所有组合的均值。

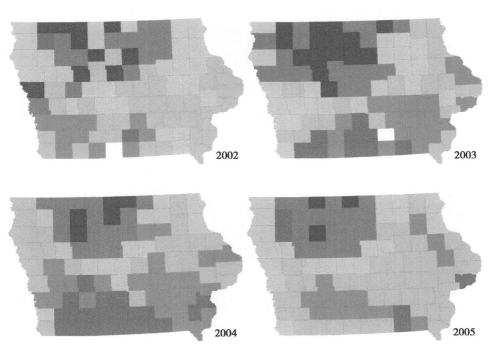

55

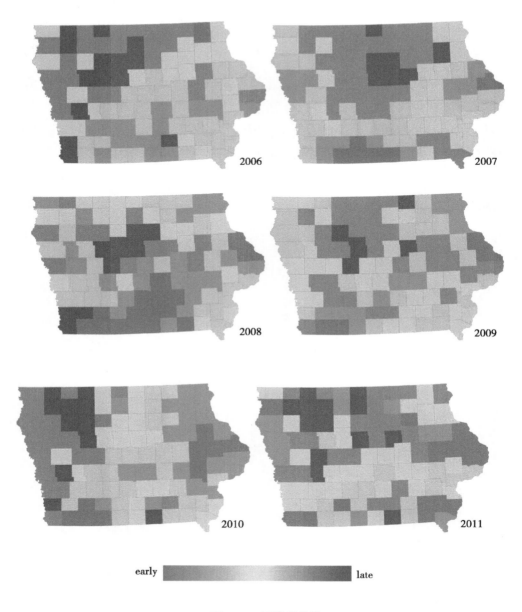

early ▮▮▮▮▮▮▮▮▮▮▮▮▮ late

图 3.11　玉米出苗期

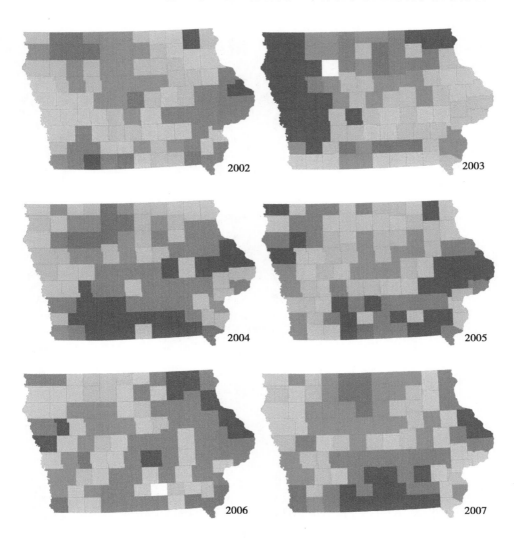

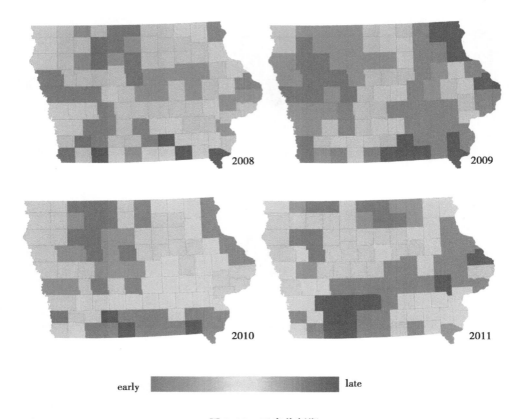

图3.12　玉米收割期

三、实验结果

图3.8显示的是Iowa州2011年各特征的时间序列。特征包括分维（FD）、一阶方差（$V1$）和熵（$E1$）、4个方向上的二阶方差（$V2\_0$，$V2\_45$，$V2\_90$和$V2\_135$）和熵（$E2\_0$，$E2\_45$，$E2\_90$和$E2\_135$）；传感器与像元纯度组合包括$MODIS_{100\%}$、$MODIS_{50\%}$、$MODIS_{0\%}$、$SPOT-VGT_{50\%}$和$SPOT-VGT_{0\%}$。例如图3.8（a）显示的是不同组合在Iowa州2011年的分维时间序列。从图3.8可以看出，所有特征都具有明显的双峰模式。在1月11日至2月11日之间，各时

间序列均出现较低的值，这可能是由于冰雪覆盖降低了地表的粗糙度造成的。直观上看，分维和一阶、二阶熵相对于一阶、二阶方差，对5种不同组合在时间序列上趋势保持性较好。第一个峰值对应的是玉米作物的出苗期，第二个峰值对应于收割期。因为收割期受到太多人为因素的影响，不确定因素难以控制，故在接下峰值分析中，仅分析第一个峰值对不同传感器、分辨率、混合像元的稳定性。笔者发现4个方向上的二阶方差时间序列具有相似性，该相似性同样对二阶熵有效，这说明玉米作物的影像纹理为各向同性纹理。另外，图3.8（b）显示 $SPOT-VG\,T_{0\%}$ 在两个峰值附近的变化程度要远高于其他4个组合（即 $MODIS_{100\%}$、$MODIS_{50\%}$、$MODIS_{0\%}$ 和 $SPOT-VG\,T_{50\%}$）。这说明随着传感器分辨率的降低和混合像元的增多，粗糙度也会增大。

图3.9显示的是特征在不同传感器、分辨率、混合像元在特征时间序列上的相似度。比较的相似度包括 $MODIS_{100\%}$ 与 $MODIS_{50\%}$、$MODIS_{50\%}$ 与 $MODIS_{0\%}$、$SPOT-VG\,T_{50\%}$ 与 $SPOT-VG\,T_{0\%}$、$MODIS_{50\%}$ 与 $SPOT-VG\,T_{50\%}$，以及 $MODIS_{0\%}$ 与 $SPOT-VG\,T_{0\%}$。其中，$MODIS_{50\%}$ 与 $MODIS_{0\%}$ 之间的相似度最高，这主要是因为两者受到相对较少的噪声干扰。$MODIS_{0\%}$ 和 $SPOT-VG\,T_{0\%}$ 之间的相似度最不稳定，这主要是由于两者均包含过多的混合像元，影响了特征的规律性。比较相似度曲线发现：①分维和一阶、二阶熵对于 $MODIS_{50\%}$ 与 $MODIS_{0\%}$ 的相似度，要比一阶、二阶方差要好；②受到因不同传感器、分辨率、混合像元造成的噪声越多，相似度越低；③总体上说，方差的相似度比分维和熵都要差，即鲁棒性差。

图3.10显示的是利用局部非对称高斯函数检测出的第一个峰值。Y轴对应的是每年出苗期的时间（DOY）。图中提供了两类信息：未检测出的峰值（检测出的峰值用圆圈表示，未检测出的峰值用方块表示）和相对误差（不同组合间的误差）。未检测出的峰值主要出现在 Nebraska 研究区 SPOT-VGT 数据集。FD、$V1$、$E1$、$V2\_0$、$E2\_0$、$V2\_45$、$E2\_45$、$V2\_90$、$E2\_90$、$V2\_135$、$E2\_135$ 对应的未检测出

峰值的个数分别为 10、14、20、15、20、15、13、15、20、14、11。RMSE 误差分别为 5.2、20.2、5.6、20.6、5.4、22.3、5.6、20、5.4、25.8、6.4。我们发现分维具有比其他特征有较少的未检测峰值个数和较低的 RMSE 误差。

由此可知，分维对不同传感器、分辨率、混合像元能保持相对较好的稳定性。根据实验可知，熵的稳定性也较好，其在作物发育检测的应用有待进一步检验。

第四节　县级单元玉米发育期制图

根据分维变化原理和玉米物候检测方法，将研究区从州级扩展到县级，并完成县级单元玉米主要物候的制图。图 3.11 显示的是 Iowa 州 99 个县出苗期县级单元的制图，而图 3.12 显示的是收割期。从图 3.11 可以看出，玉米作物在出苗期南北差异较为明显，这可能是由于南北温度差异，南边的玉米作物普遍比北边的出苗要早。但分析收割期（图 3.12）发现南北差异规律并不明显，这主要是由于收割期受人类活动的干扰，破坏了自然规律性。温度只是出苗期南北差异的一种因素，其他因素有待进一步分析和验证。

本章小结

本章简要地介绍了分形的基本原理，和常规影像不规则 ROI 分维估计方法；根据分形乘积原理提出了一种降维-差分计盒维数算法，用于估计影像不规则 ROI 的分维；根据影像分维变化原理，分析了玉米作物主要物候期形态特点，并假设分维时间序列呈双峰分布；为了验证分维与玉米物候的联系，设计并实现了一系列遥感影像数据处理方法，包括影像合成、影像镶嵌等；根据分维时间序列的分布特点，提出利用双高斯函数对时间序列进行拟合，并检测出峰值；利用地面调查数据验证了：分形时间序列的第一个峰值对应于玉米作物的出苗期，第二个峰值对应于收割期。为了验证分形方法的鲁棒性，利用不同传感器、分辨率和混合像元的数据集，选取一系列对比因子（如一阶、二阶方差和熵）、对比指标（如余弦相似度、峰值稳定性等）进行对比试验。试验表明分维对不同传感器、分辨率和混合像元具有一定的包容性。最后，将分维方法用于县级单元玉米发育期的制图，玉米作物的出苗期南北差异性明显。

第四章 基于 HMM 的玉米作物物候动态估计方法

农作物物候信息的动态估计可为遥感干旱指数的物候校正提供技术支撑。多源特征的有效提取和估计模型的合理化设计可提高作物物候检测的准确度和自动化程度。为此，本章主要介绍了一种以多源特征为数据输入、结合隐形马尔可夫模型（Hidden Markov Model, HMM），动态估计玉米作物物候的方法。本研究中，多源特征包括 NDVI 均值、分维值和有效积温。其中，NDVI 均值和分维值提取于 MODIS NDVI 影像，而有效积温则来源于地面气象站的观测。本章所采用的概率估计模型，是常规 HMM 模型的变体。针对某时刻，某行政区划内可能出现多个物候期并存的现象，本书采用混合模型对各物候期的观察值概率进行建模。通过对美国 3 个主要的玉米作物产地：Iowa、Illinois 和 Nebraska 州实验验证，并与常规逐像元物候检测方法对比，证实了本书方法的有效性，并可为玉米作物物候的地面实地调查提供辅助手段。

第一节 HMM 模型

HMM 是一种统计学的模型，依据动态贝叶斯网络原理对具有随机过程性质的不确定性问题进行建模和推理[100]。该模型可以看作是马尔可夫链（Markov chain）和混合模型（mixture model）的结合体[101]。它被成功应用于语音识别[102]和计算分子生物学[103]领域。在农业遥感应用方面，多项研究采用 HMM 模型和多时相遥感影像，并结合作物的物候信息，实现土地覆盖类型的自动分类[104-105]。Viovy 和 Saint[106] 利用 HMM 模型和遥感时序影像，实现了植被物候的动态检测。但其所设计的模型参数无法利用地面实测数据进行校验，仅依赖所构建的经验参数模型。同时，也无法适用于区域性作物物候的检测。为此，构建了一种以行政区划为基本单元，利用地面实测数据训练参数，并提供精度验证的 HMM 模型。该模型顾及了数据本身的不确定性，因此可直接作用于提取的原始特征信息。同时，利用高斯混合模型描述多个物候期并存的概率分布（图 4.1），并考虑了与作物生长过程关联的遥感光谱特征、空间特征，以及环境因子（比如温度）等。该方法可为玉米作物生育期的信息收集提供辅助决策手段。

一、HMM 模型设定

假设 HMM 模型参数为 $\lambda(N, M, \Pi, A, B)$：

T：观测值长度。对应每个时间周期的周数。

N：状态数目。对应物候期的数目。

M：每个状态可能的观测值数。对应特征个数。

S：隐形状态 $S = \{S_1, \cdots, S_N\}$。

q：状态序列 $q = \{q_1, \cdots, q_T\}$。

O：观测值序列 $O = \{O_1, \cdots, O_T\}$。

Π：初始时刻状态的概率分布，比如 S_j 状态的概率可记为 π_j。对应第 13 周各物候期的百分比。

A：状态转移矩阵（transition probability matrix），可以表示成 $a_{i,j} = P(q_t = S_j \mid q_{t-1} = S_i)$，其中 $\sum_{i=1}^{N} a_{ij} = 1$，（$1 \leqslant i, j \leqslant N$）。对应某时刻从一物候期转换到另一物候期的概率。

B：观测值的概率分布（emission probability matrix），可以表示成 $b_j(t) = P(O_t \mid q_t = S_j)$，（$2 \leqslant t \leqslant T$）。对应某一物候期、特征的分布概率。

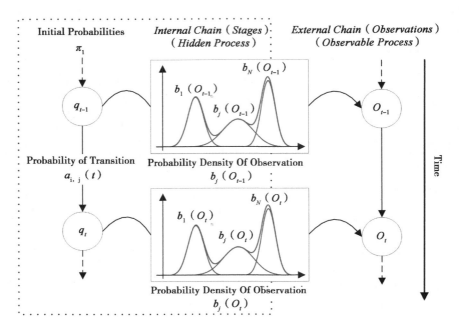

图 4.1 HMM 模型

对于本研究来说，隐形状态有 8 个，它们依次为预备期、播种期、出苗期、抽丝期、乳熟期、腊熟期、完熟期和收割期。其中，预备期被定义为玉米种子播种前的一段时期。它仅仅提供模型设计时的便利性，不产生最终的结果。根据模型变量的定义，全概率可以表示为：

$$P(q_1 = S_r, \cdots, q_t = S_j, O_1, \cdots, O_t \mid \lambda) = P(O_1, \cdots, O_t \mid q_1 = S_r, \cdots, q_t = S_j \mid \lambda) \cdot P(q_1 = S_r, \cdots, q_t = S_j \mid \lambda) \quad (4\text{-}1)$$

假设：（1）$O_1, \cdots, O_t$ 观测值序列是一个典型的一阶（first-order）马尔可夫链，也就是说 q_t 仅由 q_{t-1} 决定；（2）t 时刻的观测值 O_t 只由 t 时刻的状态 q_t 决定（独立输出假设）。为此，对于全概率：

$$P(q_1 = S_r, \cdots, q_t = S_j, O_1, \cdots, O_t \mid \lambda) = \pi_{q_1} \cdot \prod_{k=2}^{t} a_{q_{t-1}, q_t}(k) \cdot \prod_{k=1}^{t} b_{q_t}(O_k) \quad (4\text{-}2)$$

二、混合模型设定

由于 HMM 可以看成是马尔可夫模型和混合模型的组合，故观测值可以看作是由 N 个状态共同作用而成。HMM 模型中，两个嵌入的随机过程对应两条链（图 4.1）：显性链（观测值）和隐性链（生育期）。该随机过程反映了作物生育期监测和数据观测本身存在的不确定性。Srihari[107]认为 HMM 模型可视为混合体，即每个时间节点上的观测值都可以看作是多个隐含物候期共同作用的结果。假设观测量形成 N 个簇，那么其可以构模成 N 个组分的混合。记每个组分的密度分布函数为 $b_i(O_t)$，那么观测值概率可以表示为：

$$P(O_t) = \sum_{i=1}^{N} \pi_i(t) \cdot b_i(O_t) \tag{4-3}$$

其中，$\pi_i(t)$ 可以看作是第 i 个组分的权重，$\sum_{i=1}^{N} \pi_i(t) = 1$。

混合模型为玉米作物生长期的估计提供了一种灵活且精准的途径。通常，HMM 采用离散隐性状态表达方式。但对于连续且非线性动态变化的时间序列来说，需同时考虑到 HMM 模型状态的离散性和每个隐性状态的概率分布的连续性。因此，混合模型是对此类情况的较好的解决方案。对于本研究来说，观测量为连续分布值，每个组分的密度分布函数 $b_i(O_t)$ 用连续的概率密度函数表示，比如高斯分布函数。整个模型简单描述为对于每个样例 O_t，先从 N 个类别中按类别概率分布抽取一个 q_t，然后根据 q_t 所对应的 N 个多值高斯分布中的一个生成样例 O_t。整个过程称作混合高斯模型。值得注意的是，这里的 q_t 仍然是隐含随机变量。

第二节　玉米作物生育期的 HMM 估计

一、多源特征提取

多源特征组成的特征向量被作为 HMM 模型的输入部分。该特征向量由 NDVI 均值、分维值和有效积温这些全局特征组成。全局特征表示行政区划级别（州或县）玉米作物的属性。如图 4.2 所示，多源特征在玉米作物整个生长周期中表现出不同的分布形式。NDVI 均值和分维的曲线分别为单模和双模，有效积温为单调曲线。NDVI 均值和分维值提取于遥感影像，而有效积温由离散气象站观测获得。接下来的部分将分别介绍这 3 种特征的提取方法。

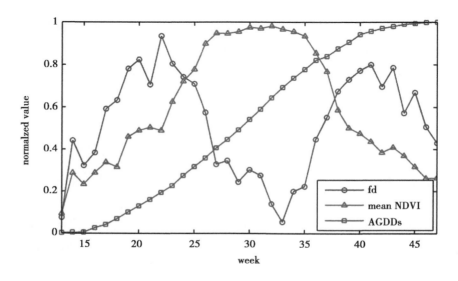

图 4.2　NDVI 均值、分维值、有效积温在玉米生长周期中的分布

1. NDVI 均值

NDVI 指数是根据植被在遥感影像中光谱响应的差异及动态变化原理，作为衡量植被绿度及生长状况的指数。为了描述作物以行政区划为单位的 NDVI 特征，计算其均值。为此，针对每日的 MODIS NDVI 时间序列影像，设计了一系列的数据预处理方法，包括：①影像合成，即利用 MVC（Maximum Value Composting）[108] 将每日的 MO-DIS NDVI 时间序列影像合成为每周的 MODIS NDVI 时间序列影像；②影像掩膜，即利用 NASS 的 CDL 数据作为掩膜板，剔除 NDVI 影像

上非玉米作物类型的像元。上述两步预处理方法的详细介绍，可参考第 3 章。NDVI 均值即是对上述掩膜处理后的 NDVI 影像，在行政区划级别上的统计。

2. 分维值

分维值被用于衡量 NDVI 影像中玉米作物类型像元的粗糙度，并作为影像纹理异质性的指标来反映玉米作物生长状况[109]。根据第 3 章的描述可知，因为不同玉米田块处于不同的物候期，故其粗糙度的变化也伴随整个生长周期，即分维时间序列反映了玉米作物的发育阶段在整个生长周期中的时空变化。本研究中，分维值利用 DR-DBC 算法进行估计，该计算同样作用于掩膜处理后的 NDVI 影像。

3. 有效积温

对作物生长发育起重要作用的两个常规环境因子包括光照和温度[110]。而现今杂交玉米更加偏重于温度的影响，而较弱的受制于光照因素[110]。作物生长发育通常需要一定的温度（热量）条件。在作物生长发育所需要的其他条件均得到满足时，在一定温度范围内，气温和发育速度呈正相关关系，并且要积累到一定的温度总和才能完成其发育期，这个温度的累积数称为积温。每种作物都有其生长的下限温度。当温度高于下限温度时，它才能生长发育。这个对作物生长发育起有效作用的高出的温度值，称为有效温度。作物在整个生育期内有效温度的累积，即有效积温。有效积温的计算公式为：

$$AGDDs(t) = \sum_t \left(\frac{T_{max}(t) - T_{min}(t)}{2} - T_{base} \right) \qquad (4-4)$$

其中，T_{base} 表示基准温度，或下限温度。$T_{max}(t)$ 和 $T_{min}(t)$ 表示校正后的日最高和最低温度。对于美国玉米作物来说，通常的下限温度为 50 ℉，而上限温度为 86 ℉。因此，用上限温度和下限温度来校正日最高和最低温度。当日最高和最低温度高于上限温度时，则该日最高和最低温度设定为 86 ℉，而当日最高和最低温度低于下限温度时，则该日最高和最低温度设定为 50 ℉。温度的累积通常从 4 月 1 日开始。

为了便于描述计算过程，定义如下符号：

t：积日（Day of Year，DOY）。对应一年的第 t 日。

$T_{min}^i(t)$ 和 $T_{max}^i(t)$：单站日最低和最高温度。对应第 i 个气象站、第 t 个积日的观测。

$\bar{T}_{min}(t)$ 和 $\bar{T}_{max}(t)$：行政区划级别日最低和最高温度。对应某行政区划内、第 t 个积日的温度。

$T_{max}(t)$ 和 $T_{min}(t)$：校正后的行政区划级别日最高和最低温度。

可以从地面气象站获取地表日最低和最高温度。然而，从气象站获取的是离散点位信息。要将离散点位观测转换成行政区划级别的有效积温，需要经过以下两步操作：①将离散点位观测 $T_{min}^i(t)$ 和 $T_{max}^i(t)$ 转换为行政区划级别面状温度数据 $\bar{T}_{min}(t)$ 和 $\bar{T}_{max}(t)$；②根据行政区划级别的日最低和最高温度，以及日温度校正规则，利用公式（4-4）计算出有效积温。

先利用行政区划内的气象站观测，通过泰森多边形加权法[111]，计算出 $\bar{T}_{min}(t)$ 和 $\bar{T}_{max}(t)$。泰森多边形加权法是一种根据离散分布的气象站的温度值来计算平均温度值的方法。该方法基于如下假设：某地点的温度条件与其最近距离的气象站观测一致。泰森多边形加权法首先求得各气象站的面积权重系数，然后用各站点温度值与该站所占面积权重相乘后累加即得。每个气象站的面积权重系数 $w_i = A_i / A_{total}$，其中，A_{total} 为某行政区划的面积，A_i 为该行政区划受第 i 个气象站影响的面积。以 $\bar{T}_{min}(t)$ 的计算为例（$\bar{T}_{max}(t)$ 的计算方法相似），给出如下公式：

$$\bar{T}_{min}(t) = \sum_{i=1}^{n} w_i \cdot T_{min}^i(t) \tag{4-5}$$

其中，n 表示行政区划内有效的气象站数量。利用泰森多边形加权法求取行政区划级别的日最低和最高温度，一方面计算过程简单实用；

另一方面，也可适用于实际应用中，常常出现的数据漏观测（数据不完备性）。最后，根据日温度校正规则和公式（4-4）计算出有效积温。

二、CPRs 数据规则化

CPRs 地面调查数据记录的是某一研究区域内，t 时刻玉米作物达到或完成某一发育阶段的比例。该数值呈现的是达到或完成某发育阶段作物面积与总面积的比例（已经完成的同样被统计），而并不是当前玉米作物所处的物候期所占面积的比例（图 4.3）。假如一株玉米，它当前所处发育阶段为抽丝期，这就意味着它已经过了出苗期。因为玉米的发育阶段是单向的。在 CPRs 调查统计中，会认为一定比例的玉米作物达到某一发育阶段，同样该比例的玉米作物完成了其之前的发育阶段。比如：19% 的玉米作物完成乳熟期（S_5），意味着至少 19% 的玉米作物已经完成抽丝期（S_4）。

因此，为了估计某时刻玉米各发育阶段的概率，需要将原始 CPRs 统计转换到所处各发育阶段面积百分比。在模型设计中，规则化的 CPRs 或物候期先验 $\pi_i(t)$ 对应于某行政单元 t 时刻物候期 S_i 所占面积百分比。理论上，$\pi_i(t)$ 可以根据一定的准则直接从 CPRs 数据计算得到。假设某发育阶段在一周时间间隔内只能转化成其自身或下一发育阶段（不可转化成其下下发育阶段）。而该假设被实测数据所验证，如图 4.3，播种期（S_2）与出苗期（S_3）的时间间隔最短，最少为 9.5 天（长于 1 周）。为此，$\pi_i(t)$ 的计算公式可以表示为：

$$\pi_i(t) = \begin{cases} p_i^t, & if\, i = N \\ p_i^t - p_{i+1}^t, & if\, i \neq N \end{cases} \tag{4-6}$$

例如：图 4.3 所示 Iowa 州 2011 年 CPRs 数据，第 31 周对应腊熟期（S_6）、乳熟期（S_5）、和抽丝期（S_4）玉米作物达到或完成的比例分别为 1%、19% 和 96%。利用公式（4-6）规则化之后，该区域内，腊熟期（S_6）、乳熟期（S_5）、抽丝期（S_4）、和出苗期（S_3）

在该周所占比例分别为 1%、18%、77% 和 4%。

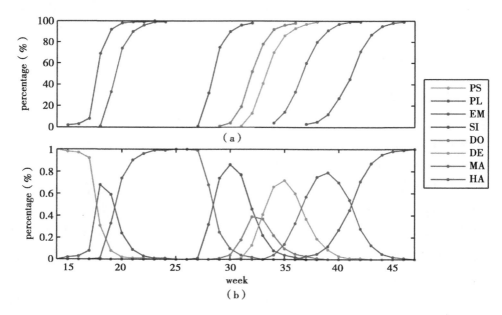

图 4.3　CPRs 数据规则化

注：（a）规则化前的 CPRs 数据；（b）规则化后的 CPRs 数据

需要补充的是，对于 CPRs 某发育阶段，如果还未达到或已经过了该阶段，通常不再统计。为了便于规则化处理，需要首先将数据补齐。即还没有达到某一阶段认为是 0，已经过了该发育阶段则定义为 1。

三、HMM 参数估计

由 HMM 定义可知，模型中至少包含 3 种概率：初始概率分布、状态转移概率以及观测值概率。这些参数都可由已有的存档数据训练得到。接下来将着重介绍这 3 种概率的参数估计方法。

1. 初始概率估计

初始概率分布或状态先验概率，表示起始时刻，不考虑观测值的情况下，各发育阶段发生的概率[106]。为了估计各发育阶段在生育期初始阶段发生的概率，需要一定的先验知识，比如某地区玉米作物播种期的偏好[105]。一般来说，本研究所选研究区玉米作物的播种期主要集中在第 14、第 15 周。因此，第 13 周的玉米作物一般处于预备期。实际应用中，初始概率可以通过统计该地区在同一时期的历史记录。比如：起始时间若为第 13 周，则计算同期可用 CPRs 记录的均值，将其作为初始概率。

2. 转移概率矩阵估计

对于常规 HMM 模型，其状态转移概率矩阵 A（$N \times N$ 矩阵）通常被当作全局参数，也就是说对于所有时刻，采用同一个转换概率矩阵。然而，全局状态转移概率矩阵并不适用于对玉米作物生长过程建模。转移概率应随时序变化，称为"局部状态转移矩阵"或"时间依赖状态转移矩阵"，这类似于时非其次马尔科夫链（time inhomogeneous Markov chain）[112]。时间依赖状态转移矩阵被广泛用于肿瘤基因表达谱分析[113]和金融时序数据分析[112]。

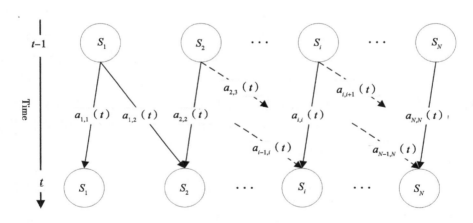

图 4.4　玉米在整个生育周期过程中的各发育阶段转移示意图

$$a_{i,j}(t) = \begin{cases} 1, & if\ i = j = N,\ \pi_N(t-1) \neq 0; \\ 1 - \sum\limits_{k=i+1}^{N} (\pi_k(t) - \pi_k(t-1)) / \pi_i(t-1), \\ & if\ i = j \neq N,\ \pi_N(t-1) \neq 0; \\ \sum\limits_{k=i+1}^{N} (\pi_k(t) - \pi_k(t-1)) / \pi_i(t-1), \\ & if\ i = j - 1,\ \pi_N(t-1) \neq 0; \\ 0, & else \end{cases} \tag{4-7}$$

在我们的案例中,转移矩阵 A 随玉米作物的生长而变化。例如:在玉米作物生长的初期,其最有可能出现在生长初期对应的物候期。在转移矩阵中,从当前发育阶段转移到其自身的概率比较高,转移到下一发育阶段的概率比较低。但是随着时间的推移,转移到下一发育阶段的能力逐渐增强,而转移到自身的能力逐渐减弱,直至消亡。一般来说,作物的物候期转移变化依赖于生物物理机理和外在影响玉米作物生长的因素。前者主要体现在玉米作物自身的特性上,比如育种对这种特性的改变;后者主要受外在条件,比如土壤性质、地表高程、日照、温度、降雨、人类活动等[106]。

为此,在应用中,将转移概率矩阵定义为局部状态转移矩阵(时间依赖),也就是说,转移概率 $a_{i,j}(t)$ 随时间 t 变化而改变。我们假设玉米发育阶段在整个生育过程中为单向的,比如说发育阶段 S_i 仅能转移到其自身,或其下一发育阶段 S_{i+1}(图4.4)。$a_{i,j}(t)$ 可通过公式(4-7)直接利用归一化的 CPRs 数据进行计算。

其中,$\sum\limits_{j=1}^{N} a_{i,j}(t) = 1$。公式(4-7)中有4种条件限制,前3种条件限制分别对应于最后一发育阶段(收割期)转移到其自身、除了最后一发育阶段的其他阶段转移到其自身、当前发育阶段转移到其下一发育阶段。例如:如果 $q_{t-1} = S_6$,则除了 $a_{6,6}(t)$ 和 $a_{6,7}(t)$ 的其他转移概率均为0。$a_{6,6}(t)$ 和 $a_{6,7}(t)$ 分别利用公式(4-7)的第2和3种条件限制进行计算，两者之和为 1。

在实际应用中，状态转移矩阵可以通过以下两步骤进行计算：（1）选取同一时间点的多年归一化 CPRs 数据，计算其均值；（2）利用公式（4-7）计算出每个时间点的状态转移概率矩阵。对于第一步采用多年平均的方式计算 CPRs 均值，不可避免地受到诸如气候变化、农业活动、自然灾害等的影响。但 HMM 的优点就在于，它将受状态转移概率矩阵影响的隐形状态，当作一种随机过程，并能处理这种误差的不确定性。

3. 观测概率矩阵估计

在给定发育阶段状态的情况下，各观测变量发生的概率，称为观测值概率。本研究中的观测变量为三维特征向量，包括分维值、NDVI 均值以及有效积温。观测值随着作物物候的交替连续变化。而且对于一块研究区域来说，某一时间节点，可能出现多个发育阶段共存的状况。为此，将某一时刻的观测值看成是由多状态观测值的混合。混合模型就是由若干个服从某分布的分量相互组成，通过混合分布模型来逼近样本的真实分布。混合高斯函数的权重由行政区划单元内各发育阶段玉米作物面积比例决定，即对应于发育阶段先验概率 $\pi_i(t)$。行政区划单元内观测变量的概率密度函数可由多变量高斯分布函数表示。也就是说，公式（4-3）中，$(P(O_t)$ 是各子高斯分布函数 $b_i(O_t)$ 的线性组合，而 $b_i(O_t)$ 可由参数向量均值 μ_i 和协方差矩阵 $\sum_i$ 表示。$b_i(O_t)$ 可表示为：

$$
b_i(O_t) = N_i(O_t \mid \mu_i, \sum_i)
$$

$$
= \frac{1}{\sqrt{(2\pi)^d \mid \sum_i \mid}} \cdot exp\left(- \frac{(O_t - \mu_i)' \cdot \sum_i^{-1} \cdot (O_t - \mu_i)}{2} \right)
$$

$$
(4-8)
$$

其中，d 对应于特征向量空间的维度，在本案例中因选取了 3 种特征作为观测值，故 $d = 3$。

在本模型中，μ_i 和 $\sum_i$ 为全局 HMM 模型参数，也就是说该参数与时间向量无关。第 i 个组份的权重（混合系数）$\pi_j(t)$ 可由地面调查数据（CPRs）获得，即仅仅 μ_i 和 $\sum_i$ 为未知变量。给定一个观测值序列 O_1，$\cdots$，O_T，可以利用最大似然法估计 μ_i 和 $\sum_i$。假设参数空间 $\Theta = \{\mu, \sum\}$，那么似然函数的 log 函数形式，可表示为：

$$lnL(\Theta \mid O_t) = \sum_{t=1}^{T} ln \sum_{j=1}^{N} \pi_j(t) \cdot N_j(O_t \mid \mu_j, \sum_j) \tag{4-9}$$

高斯函数的参数可利用 EM 算法（期望值最大，Expectation Maximum）[114]进行估计。EM 算法思想比较简单，主要分为两个步骤：估计步骤 E-step 和最大化步骤 M-step。首先利用样本对参数进行估计，然后在 M-step 中将需要估计的参数最大化（通常是求其最大似然估计），不断地迭代此两个步骤，直到收敛。第 $q+1$ 次迭代的 μ_j^{q+1} 和 $\sum_j^{q+1}$ 可表示为：

$$\mu_j^{q+1} = \frac{\sum_{t=1}^{T} O_t \cdot \beta_j^q(t)}{\sum_{t=1}^{T} \beta_j^q(t)} \tag{4-10}$$

$$\sum_j^{q+1} = \frac{\sum_{t=1}^{T} \beta_j^q(t) \cdot (O_t - \mu_j^{q+1}) \cdot (O_t - \mu_j^{q+1})'}{\sum_{t=1}^{T} \beta_j^q(t)} \tag{4-11}$$

其中，

$$\beta_j^q(t) = E(\pi_j(t) \mid O_t; \Theta_j) = \frac{\pi_j(t) \cdot N(O_t \mid \mu_j^q, \sum_j^q)}{\sum_{i=1}^{N} \pi_i(t) \cdot N(O_t \mid \mu_i^q, \sum_i^q)} \tag{4-12}$$

其中，$j = 1$，$\cdots$，N；$t = 1$，$\cdots$，T；公式推导见附录 II 公式 A。

对于迭代收敛条件通常可采用如下两种方式：① $\mid L(X \mid \Theta) - L(X \mid \Theta')\mid < \varepsilon$，其中，$L(X \mid \Theta) = log \prod_{t=1}^{T} \sum_{j=1}^{N} \omega_j(t) \cdot P(x_t; \Theta_j) = \sum_{t=1}^{T} log \sum_{j=1}^{N}$

$\omega_j(t) \cdot P(x_t; \Theta_j)$；② $| \Theta - \Theta' | < \varepsilon$。通常，$\varepsilon = 10^{-5}$。

本案例中，观测值概率由 8 个高斯分布函数组成。EM 参数估计中首先假定 $\beta_j^0 = \pi_j(t) / \sum_{i=1}^{N} \pi_j(t)$，利用公式（4-10）初始化 μ_j^1，公式（4-11）初始化 $\sum_j^1$。利用 EM 算法迭代直至收敛，取最后一次有效迭代作为混合高斯函数的参数。

四、发育阶段百分比估计

因为研究对象最小单元是按照行政区划进行划分的，这样所估计出的各发育阶段为百分比。该问题可以理解为：给定 HMM 模型参数 λ、观测值序列 O_1，$\cdots$，O_t，求隐含状态 j 的后验概率 $P(q_t = S_j | O_1, \cdots, O_t)$。在 HMM 中，已知模型参数和某一特定观测值序列，求解当前状态的概率分布，即 $P(q_t = S_j | O_1, \cdots, O_t)$，被称为过滤（filtering）问题，通常使用前向法（forward algorithm）解决。前向法计算逻辑简单，属于层层递归。我们将 $P(q_t = S_j, O_1, \cdots, O_t)$ 简写为 $\kappa_j(t)$，用于表示给定观测值序列 O_1，$\cdots$，O_t，t 时刻隐含 S_j 发生的概率，则：

$$P(q_t = S_j | O_1, \cdots, O_t) = \frac{\kappa_j(t)}{\sum_{i=1}^{N} \kappa_i(t)} \qquad (4-13)$$

下式中 $\kappa_j(1)$ 由初始时刻先验 π_j（已知）和 $P(O_1 | q_1 = S_j)$（可由计算出来的 HMM 参数求得）。同理，$\kappa_j(2)$ 的计算，只需要多考虑一个转换概率，而转换概率可由多年统计数据计算得到。所以过滤算法的过程基本上没有未知变量。

$$\pi_j \cdot P(O_1 | q_1 = S_j) = \kappa_j(1) \qquad (4-14)$$

$$\left(\sum_{i=1}^{N} \kappa_i(1) \cdot P(q_2 = S_j | q_1 = S_i) \right) \cdot P(O_2 | q_2 = S_j) = \kappa_j(2)$$

$$(4-15)$$

…………

$$\left(\sum_{i=1}^{N} \kappa_i(t-1) \cdot P(q_t = S_j \mid q_{t-1} = S_i) \right) \cdot P(O_t \mid q_t = S_j) = \kappa_j(t)$$

$$(4-16)$$

由于 $P(q_t = S_j \mid O_1, \cdots, O_t)$ 得到的是各发育阶段的百分比，对应于归一化后的 CPRs 数据。为了反求原始的 CPRs 数值，可采用下式计算：

$$\delta_i(t) = \sum_{k=i}^{N} P(q_t = S_k \mid O_1, \cdots, O_t) \tag{4-17}$$

其中，$i = 2, \cdots, N$。

第三节　实验及结果

针对玉米作物生育期的特点，本书构建了基于多源特征的 HMM 模型。该模型能实现玉米发育期过程中 7 个主要物候期及百分比的动态估计。模型被用于美国 Iowa、Illinois 和 Nebraska 州玉米作物发育阶段的估计。实验区位于美国中西部的玉米集中耕作带上，包含了 3 个最主要的玉米产区：Iowa 州（纬度 40°36′N～43°30′N，经度 89°5′W～96°31′W）、Illinois 州（36°58′N～42°30′N，经度 87°30′W～91°30′W）、Nebraska 州（40°N～43°N，经度 95°25′W～104°W）。

针对研究区，选取了 4 种数据集，其中，日 NDVI 时间序列、CDL 数据、CPRs 数据已在第 3 章介绍，另外还包括气象观测站数据。气象观测站数据为日最高、低温度，来源于美国历史气候网络（United States Historical Climatology Network，USHCN）。USHCN 是基于美国协同观测网络站点的高质量网络。被广泛用于整个美国大陆气候易损性和变化的长期观测分析。图 4.5 显示的是本研究所选用的研究区和气象观测站点。Iowa、Illinois 和 Nebraska 州所对应的气象观测站点的数目分别为 23、33 和 37 个。4 种数据集选用的年份期间为 2002—2011

年。玉米作物生育期从第 13 周开始至第 47 周结束。

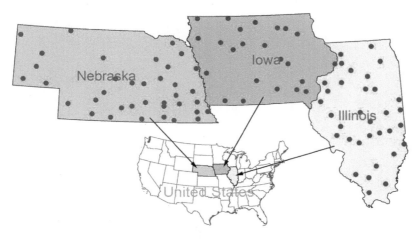

图 4.5 研究区和气象观测站点

注：该研究区涵盖美国 Iowa、Illinois 和 Nebraska 州；位于不同州的气象观测站点用不同的颜色点标示；其中，Iowa 州有 23 个气象观测站点，用蓝色标示；Illinois 州有 33 个、颜色为绿色；Nebraska 州有 37 个，标记为红色

利用均方根误差 RMSE 来衡量实验结果的精度，即衡量实际观测值与估计值间的误差。因为估计的结果为玉米作物发育阶段的百分比，故 RMSE 对应的误差单位为百分比。低残余方差对应低 RMSE 值。该发育阶段的估计涵盖了整个玉米生育期。模型中所定义的预备期仅为方便建模使用，实际应用中不给出计算结果，也不用于误差的评估。图 4.6 给出了 3 个州 NASS/USDA 定义的 7 种玉米作物发育阶段百分比的估计误差。所以结果平均被运行 100 次，每次运行，随机选取 7 年的数据用于模型的训练，估计模型参数，剩下 3 年数据用于测试结果精度。给出的结果同样给出 95% 置信期间误差条。

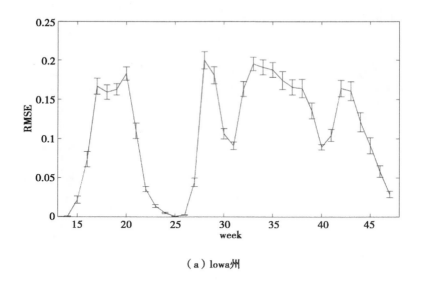

（a）Iowa州

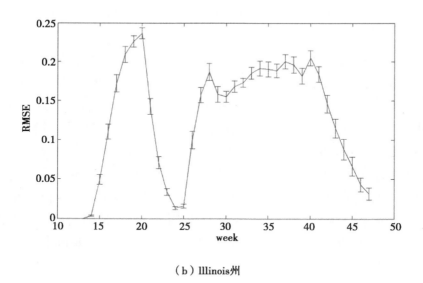

（b）Illinois州

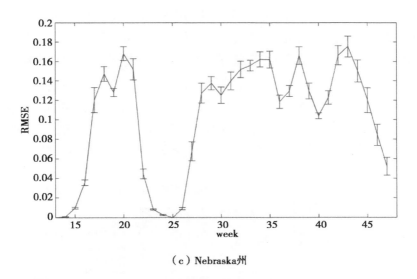

（c）Nebraska 州

图 4.6　RMSE 误差

分析图 4.6 给出的 RMSE 误差发现，RMSE 随着生育过程的进行逐渐增加，在第 20 周左右达到第一个误差最高值。相应的 RMSE 为 18.29%（Iowa 州）、23.71%（Illinois 州）和 16.82%（Nebraska 州）。这可能是由于农业耕种活动造成的，比如耕种期、耕作速度。紧接着，RMSE 逐渐减小直至第 25 周。参考图 4.3 可知，在该时间段内，出苗期相对其他发育阶段的百分比逐渐增高，在第 25 周仅剩下出苗期。误差减小可能由于发育阶段混合减少造成的。在出苗期之后，RMSE 误差在第 28 周达到另外一个峰值，紧接着在该值附近波动直至第 43 周。Iowa 州的 RMSE 误差在 18.0% 附近波动，而 Illinois 在 18.5% 附近，Nebraska 在 16.5% 左右。这可能是由于多个发育阶段在该时段叠合，影响了模型参数估计的精度，比如：腊熟期与完熟期在该时段同时出现。另外，数据本身的误差同样会影响 RMSE 误差结果。

尽管没有完全相同的案例研究玉米作物发育阶段百分比估计，但笔者试图找到相近的案例进行本方法与仅依赖光谱值逐像元估计方法的比较。Yu 等[115]设计实现了以核函数为基础的玉米作物发育阶段估计方法。其方法估计了 NASS/USDA 所定义的主要玉米作物发育阶段。其核函数来源于历史数据的建模，可以排除数据噪声和数据缺失。其比较了不同阈值（全局和局部阈值方法）、影像掩膜（像元纯度，比如 90%，100%）、过滤算法（比如五次多项式、双 Sigmoid 函数、Savitzky-Golay 算法及样条函数）等的组合方法。数据测试主要针对 2006 年美国 Iowa 州的玉米作物。由图 4.7 可知，最优的组合为局部阈值、纯像元、样条函数组合方法，所对应的最低 RMSE 误差为 24.6%。

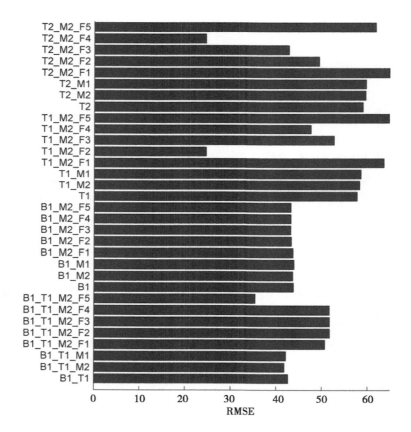

图 4.7 基于遥感光谱值逐像元方法 RMSE 误差结果

图 4.6 中，B 表示基础核，B0 为无核方法，B1 为有核方法；T 表

示阈值，T1 为全局阈值，T2 为局部阈值；M 表示像元纯度，M0 为无掩膜处理，M1 为像元纯度 90%，M2 为像元纯度 100%；F 表示过滤方法，F0 为无过滤处理，F1 为 4253H 算法，F2 为三次 B 样条函数，F3 为双 Sigmoid 函数，F4 为五次多项式，F5 为 Savitzky-Golay 算法。

为了更好地与参考文献［115］的结果进行比较，将周 RMSE 误差转化为年 RMSE 误差，得到的结果为：Iowa、Illinois 和 Nebraska 州的 RMSE 误差分别为 13.27%、16.14% 和 12.91%。从结果来看，本书的方法比参考文献［115］的结果明显要好。

本书方法的优点在于，能利用当前获取的数据和模型对各玉米作物发育阶段的百分比进行动态的估计。估计出的结果直接对应于 CPRs 统计结果，可指导其生产利用。然而，以下因素可能影响本书方法精度：

（1）CPRs 统计数据的精度。CPRs 数据为地面调查统计数据，受调查者自身主观判断的影响，因此该误差是不可避免的[116]。

（2）MODIS NDVI 数据质量。噪声不可避免的分布于日 MODIS NDVI 影像中，这些噪声来源于云覆盖、数据丢失、混合像元以及一些系统误差。这些误差在一定程度上影响了 MODIS NDVI 影像上的 NDVI 值。

（3）气象观测站点数据的稳定性。观测数据主要来源于地面气象观测站。数据丢失、仪器修整以及观测站点的变迁都对数据的一致性和空间覆盖造成一定的影响。

（4）降雨和温度模式在不同年份的不规律性，比如全球气候变化等。这可能影响 HMM 参数的训练，尤其对于状态转移概率矩阵的估计。

（5）数据时间分辨率。数据时间分辨率是重要的指标影响玉米作物发育阶段估计的精度。由图 4.3 可知，出苗期仅仅比耕种期平均晚 9.5 天，完熟期比腊熟期晚 15.4 天。为此精确地估计作物的物候，需要比较高的时间分辨率数据。根据前面方法描述可知，对日 MODIS

NDVI 数据进行了合成，希望利用时间空间分辨率换取数据质量的提升。为此，如何平衡时间分辨率和数据质量是值得考虑的重要因素。

一些学者提出的方法，有可能提升结果的精度，包括：①尽管笔者采用影像合成来减少数据噪声，但仍需要对原始遥感数据做稳健的质量控制，抑制噪声、提升玉米作物发育阶段百分比估计的精度；②考虑或应用更高阶的 HMM 模型。高阶 HMM 模型能比低阶表示更远状态距离间的依赖关系[117]。Mari 等[118]研究自动文字识别时对一阶和二阶 HMM 模型进行了对比。Seifert 等[119-120]利用高阶 HMM 模型提升模型染色体区域间的空间依赖性。Derrode 等[121]介绍了高阶隐形马尔可夫链在 SAR 影像非监督分割的应用。然而，高阶 HMM 用于玉米作物物候的估计应用仍需进一步验证。

本章小结

本章介绍了一种整合遥感影像和气象站观测数据实现玉米作物物候信息动态估计的方法。所采用的估计模型为 HMM，数据输入为与玉米作物生长直接或间接相关的多源特征。所用多源特征包括 NDVI 均值、分维值和有效积温。其中，NDVI 均值和分维值从 MODIS NDVI 影像中提取，而有效积温来源于气象站观测数据。值得一提的是，本研究所采用的分维值为遥感影像的纹理特征，可用于指示玉米作物生育过程的变化。另外，本研究所采用的 HMM 模型能顾及数据本身的不确定性，因此可直接采用提取的特征作为数据输入，无需额外的过滤或平滑处理。本章所采用的 HMM 模型相对传统 HMM 模型不同点在于：①根据玉米作物生长的特点，状态转移概率矩阵为局部 HMM 参数；②因为研究区域单元可能存在多发育状态共存的情况，故观测值概率矩阵采用混合模型，即某时间节点的观测值视为多个高斯分布的混合。修正后的 HMM 模型适合于玉米发育阶段百分比的动态估计。本方法被用于美国 Iowa、Illinois 和 Nebraska 州，并将 CPRs 统计数据作为标准数据，进行模型的构建和误差检验。实验结果与仅利用遥感光谱逐像元方法进行了对比。本章方法玉米发育阶段百分比的精度在 ±12.91%至±16.14%之间，而遥感光谱逐像元方法最优的为±24.6%。本研究方法结果较好，可实现玉米作物物候信息的动态估计。尽管研究描述的案例以州为最小单元，但可用于县单元玉米作物物候的估计，同时还可用于其他作物案例。

第五章 VCI 指数的物候调节及其与 SPI 指数的关系

　　干旱指数是干旱监测、预警、评估的重要参数。因地理状况和气候特点的差异，不同地区干旱的定义有所不同。针对各自应用，研究者们采用不同的干旱指标方法划分干旱等级和监测、评估干旱产生的影响。概括说，国内外各种主要干旱监测模型或方法所使用的数据主要来源于两方面：一方面来源于气象站的观测（单点观测），另一方面来源于大面积的遥感监测（面状观测）。标准化降水指数（SPI）是较常用依赖于气象站观测的干旱监测指数，而植被状态指数（VCI）是较常用于遥感监测的干旱监测指数。VCI 指数通常以日历年作为计算基准，忽略了作物本身的物候变化。为此，本章首先在 VCI 指数的基础上，提出一种物候调节植被状态指数（Phenology Adjusted Vegetation Condition Index，PA-VCI），探讨了基于 PA-VCI 指数干旱监测的必要性和重要意义，并与 VCI 指数进行了对比，验证了利用作物物候信息修正 VCI 指数的必要性。另外，由于水分在"大气-植被-土壤"循环中，植被在其生理过程中对水分胁迫相对土壤有一定的滞后。且 PA-VCI 指数和 SPI 指数这两种模型的定义和数据依赖相差迥异。分析两指数的相互关系，可为 PA-VCI 指数和 SPI 指数联合干旱监测提供参考。为此，接下来介绍利用离散点气象站降雨数据，计算县级别 SPI 指数、点面数据转换、SPI 时间序列插值等方法；讨论 PA-VCI 指数与 SPI 指数的相关性、结合两指数进行玉米作物旱情监测的必要性。

第一节　物候调节植被状态指数

一、植被状态指数

植被状态指数（VCI）的概念由 Kogan 提出[122]，可用于衡量植被健康程度。当有旱情发生时，植被受水分胁迫，植被的 NDVI 值会有不同程度的降低，因此可用 VCI 指数来反映土壤水分状况。VCI 指数以日历年为时间基准，定义为当前的 NDVI 与多年来同一时间点 NDVI 最大与最小值比率，用以反映在相同季节内植被的生长状况。VCI 指数的计算公式为：

$$VCI(t) = \frac{NDVI(t) - NDVI_{min}(t)}{NDVI_{max}(t) - NDVI_{min}(t)} \tag{5-1}$$

式中，$VCI(t)$ 是当前年份的 t 时刻植被状态指数；$NDVI(t)$ 是当前年份的 t 时刻 NDVI 值；$NDVI_{min}(t)$ 是所有有效年份 t 时刻最小的 NDVI 值，$NDVI_{max}(t)$ 是所有有效年份 t 时刻最大的 NDVI 值。

VCI 指数的提出是为了反映天气极端变化情况下，消除 NDVI 指数空间变化的部分，使不同地区之间的值具有可比性[123]。VCI 计算值处于 0 至 1 之间。但通常 VCI 值也被线性拉伸至 0~100 之间[44-45]。值越高说明植被的生长状态越好。

二、物候调节植被状态指数

由公式（5-1）可知，常规 VCI 计算公式中的 $NDVI_{min}(t)$ 和 $NDVI_{max}(t)$ 以日历作为时间基准，用于衡量当前 NDVI 相对于历史同时刻 NDVI 记录所处的生长状态。然而，受气候变化影响，作物每年的播种时间并不一致。Sacks 和 Kucharik[97] 通过分析美国 USDA 在 1981—2005 年的存档数据，发现 25 年间玉米作物播种时间约提前了 10 天。图 5.1 显示的是 Iowa 州 2002—2011 年 99 个县的玉米作物平均播种期。由图 5.1 可知, 玉米作物的播种期在短期 (10 年间) 内, 呈无规律变化, 播种期最早的为 2011 年的第 15.9 周, 最晚的出现在 2009 年的第 18.2 周, 两者相差 2.3 周。

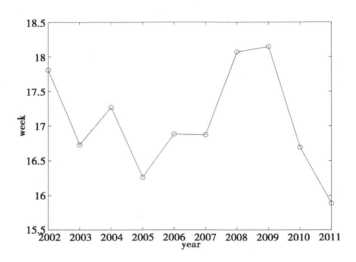

图 5.1　2002—2011 年 Iowa 州 99 个县平均的玉米作物播种期

不同年份同一日历天, 作物可能处于不同的发育期, 其生长状态必然不尽相同。为了使不同年份的 NDVI 值具有可比性, 本书提出了一种物候调节植被状态指数 (PA-VCI)。该指数利用作物物候来校正 NDVI 的最大和最小值 (更确切的说是校正时间 t)。PA-VCI 指数的计算公式为:

$$PAVCI(t) = \frac{NDVI(t) - NDVI_{min}^{adjusted}(t)}{NDVI_{max}^{adjusted}(t) - NDVI_{min}^{adjusted}(t)} \tag{5-2}$$

式中, $PAVCI(t)$ 是当前年份的 t 时刻物候调节植被状态指数; $NDVI(t)$ 是当前年份的 t 时刻 NDVI 值; $NDVI_{min}^{adjusted}(t)$ 是所有有效年份调节后 t 时刻最小的 NDVI 值; $NDVI_{max}^{adjusted}(t)$ 是所有有效年份调节后 t 时刻最大的 NDVI 值。

图 5.2 显示的是 PA-VCI 指数的计算过程示意图。具体计算过程

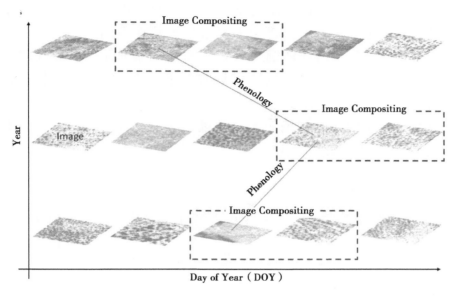

图 5.2　PA-VCI 计算过程示意图

为：（1）利用检测出的作物物候信息（本书采用 50% 出苗期对应的时间），进行 DOY（日历）偏移量的调整；（2）如果需影像合成，则以校正后的时间基准进行多幅影像的 NDVI 合成；（3）如果需要影像掩膜，则以合成后的 NDVI 影像进行特定作物类型的影像掩膜；（4）计算行政区划为单元（县、州）的 NDVI 均值，代入公式（5-2）得到 PA-VCI 指数的值。

第二节　标准化降水指数

一、SPI 定义及计算方法

标准化降水指数（Standardized Precipitation Index，SPI）[33] 是将降雨量缺乏的情形，依据不同时间尺度加以量化，不同时间尺度可反映不同水资源需求匮乏的程度。SPI 值是以正、负值代表潮湿或干旱。

正值越大代表越潮湿；负值越大则代表越干旱。由于不同时间、不同地区降水量变化幅度较大，直接用降水量很难在不同时空尺度上相互比较，而且降水分布是一种偏态分布，不是正态分布，所以在降水分析中，采用 Γ 分布概率来描述降水量的变化，然后再经正态标准化求得 SPI 值，其计算步骤为：

（1）假设某时段降水量为随机变量 x（$x > 0$），则其 Γ 分布的概率密度函数为：

$$g(x) = \frac{1}{\beta^{\alpha} \cdot \Gamma(\alpha)} x^{\alpha-1} \cdot e^{-x/\beta} \tag{5-3}$$

其中，$\beta > 0$，$\alpha > 0$ 分别为尺度和形状参数；$\Gamma(\alpha)$ 为 Γ 函数，$\Gamma(\alpha) = \int_0^{\infty} y^{\alpha-1} \cdot e^{-y} dy$。$\beta$ 和 α 可用极大似然估计方法求得：

$$\hat{\alpha} = \frac{1 + \sqrt{1 + 4A/3}}{4A} \tag{5-4}$$

$$\hat{\beta} = \bar{x} / \hat{\alpha} \tag{5-5}$$

其中，$A = lg \bar{x} - \frac{1}{n} \sum_{i=1}^{n} lg x_i$，式中 x_i 为降水量资料样本，$\bar{x}$ 为降水量多年平均值。

确定概率密度函数中的参数后，对于某一年的降水量 x_0，可求出随机变量 x 小于 x_0 事件的概率为：

$$P(x < x_0) = \int_0^{\infty} g(x) dx \tag{5-6}$$

利用数值积分可以计算用式（5-3）代入式（5-6）后的事件概率近似估计值。

（2）降水量为 0 时的事件概率由下式估计：

$$P(x = 0) = m/n \tag{5-7}$$

式中，m 为降水量为 0 的样本数，n 为总样本数。

（3）对 Γ 分布概率进行正态标准化处理，即将式（5-6）、式（5-7）求得的概率值代入标准化正态分布函数，即：

$$P(x < x_0) = \frac{1}{\sqrt{2\pi}} \int_0^\infty e^{-z^2/2} dx \tag{5-8}$$

对式（5-8）进行近似求解可得：

$$Z = SPI = \begin{cases} -\left(t - \dfrac{c_0 + c_1 t + c_2 t^2}{1 + d_1 t + d_2 t^2 + d_3 t^3} \right), & 0 < P(x) \leqslant 0.5 \\ +\left(t - \dfrac{c_0 + c_1 t + c_2 t^2}{1 + d_1 t + d_2 t^2 + d_3 t^3} \right), & 0.5 < P(x) < 1 \end{cases}$$

$$\tag{5-9}$$

其中，$t = \begin{cases} \sqrt{ln}, & 0 < P(x) \leqslant 0.5 \\ \sqrt{ln}, & 0.5 < P(x) < 1 \end{cases}$；$c_0 = 2.515517$，$c_1 = 0.802853$，$c_2 = 0.010328$；$d_1 = 1.432788$，$d_2 = 0.189269$，$d_3 = 0.001308$。

由式（5-9）求得的 Z 值也就是此标准化降水指数 SPI。

由于标准化降水指标就是根据降水累积频率分布来划分干旱等级的，它反映了不同时间和地区的降水气候特点。其干旱等级划分标准具有气候意义，不同时段不同地区都适宜。

SPI 指数包含不同时间尺度，比如 1 个月、3 个月、4 个月、6 个月和 12 个月。通常短时间尺度 SPI 可反映农业干旱情况[124]。本研究利用美国国家干旱减灾中心（National Drought Mitigation）提供的 SPI 计算工具[125]，计算月时间尺度的 SPI 指数，以监测玉米作物的旱情。

二、点面数据转换

利用气象观测站降雨数据计算的 SPI 为离散点状指数。为了与面状的 PA-VCI 指数进行关联性分析，需首先将点状数据转换为面状数据。点面数据的转换有多种方法，其中较常用的方法为泰森多边形加权法[111]。

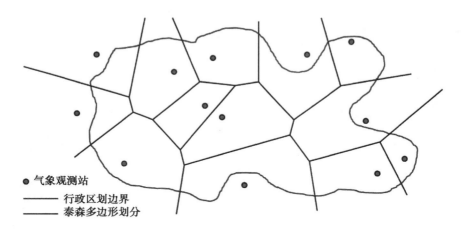

图 5.3　泰森多边形加权法实现 SPI 指数的点面转换

图 5.3 显示的是利用泰森多边形加权进行 SPI 点面转换的示意图。图中蓝色实线为行政区划边界，黑色实线为每个气象观测站的泰森多边形划分。点面转换的步骤为：

（1）对每个气象观测站点构建泰森多边形；

（2）计算每个气象观测站点在指定行政区划单元内所占面积，确定每个站点的权重；

（3）利用 SPI 公式计算出每个气象观测站点的 SPI 指数；

（4）利用得到的 SPI 权重，计算所指定行政区划单元的 SPI 加权值。

图 5.4（a）显示的是 ATLANTIC 1 NE 气象观测站（站点 ID：130364）（附录 I 表 C），1981—2011 年的 SPI 时间序列。美国县行政区划单元采用县联邦信息处理标准（Federal Information Processing Standard，FIPS）进行管理（附录 I 表 B）。图 5.4（b）显示的是 Iowa 州 Adams 县（FIPS 编码：003）1981—2011 年转换后的 SPI 时间序列。

三、SPI 时间序列插值

通常，利用降雨指标获取的 SPI 时间尺度比遥感手段获取干旱指

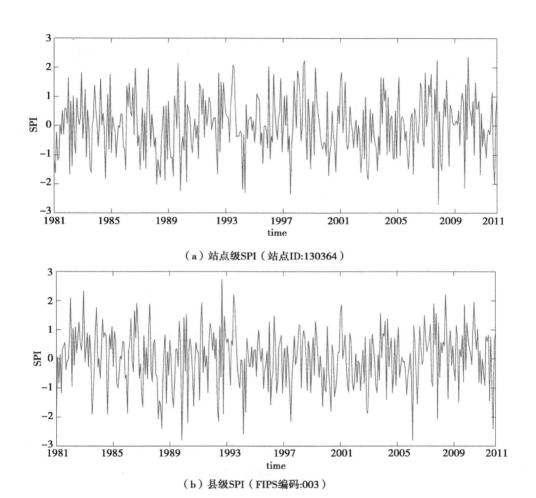

（a）站点级SPI（站点ID:130364）

（b）县级SPI（FIPS编码:003）

图 5.4　SPI 指数

数要大。比如，本研究获取的 SPI 时间尺度为月时间尺度 SPI，而获取
的 PA-VCI 时间尺度为 1 周。为了分析 SPI 指数与 PA-VCI 指数的相关
性，两指数需具有相同的时间粒度。为了让两指数的时间粒度一致，
通常有两种解决方法：①对 SPI 进行时间插值，插值成周时间粒度的
SPI；②对 PA-VCI 采样，采样成月时间粒度的 PA-VCI。考虑到与美
国干旱监测（Drought Monitor，DM）发布结果在时间粒度上一致（周

时间粒度），本研究选用前者。插值函数采用样条曲线[126]。图 5.5 显示的是 Iowa 州 Adams 县（FIPS 编码：003）2002—2011 年 SPI 时间序列插值后的结果。插值后的时间粒度为 1 周。

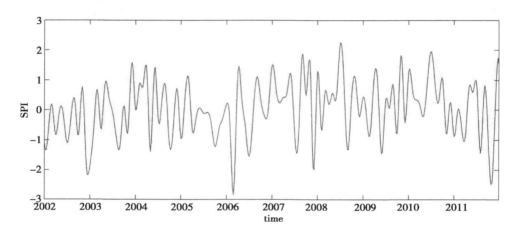

图 5.5　县级 SPI 插值结果（FIPS 编码：003）

第三节　两指数间的关系

一、遥感与气象干旱指数的关系

许多学者分析与讨论了基于遥感影像干旱指数和基于气象观测站干旱指数间的关联性。Sharma[52] 分析了印度 Karnataka 州降雨与 NDVI、SPI、VCI 指数的相关性。发现降雨与 SPI、NDVI 与 VCI 各自的相关性较高，分别为 0.998 和 0.997；降雨与 VCI 的相关性为 0.829；NDVI 与 SPI 的相关性为 0.699。但 Karnataka 沿海高地 NDVI 与 SPI 则呈现负相关。对此，Sharma 认为负相关可能是由于该地区大量森林和湿地覆盖，或是由于 NDVI 与 SPI 间的时间滞后效应。Quiring 和 Ganesh[127] 以 Texas 州所有的 254 个县为研究区，分析了 VCI 与 PDSI、Z 指数、SPI、十分位 Deciles 指数等的相关性，发现 VCI 与 6

个月时间尺度 SPI、9 个月时间尺度 SPI，PDSI 关联性较好。且实验表明，至少在 Texas 州，VCI 在生长期受水分胁迫效应延长，而对短期的降水量不足表现的并不敏感。Bhuiyan 等[128]认为由于植被的健康状况完全依赖于降雨，故在季风季节（monsoon season）VCI 指数与 SPI 指数的关联性较强，而其关联性在季风季节在一定程度上受灌溉条件影响。

分析上述研究结果，认为 PA-VCI 与 SPI 指数的关联性可能受以下几个方面的影响。

①地理位置。不同的地区在土壤特性、气候环境、灌溉条件等都存在差异。尽管 SPI 指数能一定程度上消除降水的时空差异，能在不同地区开展比较，但 SPI 指数与 PA-VCI 指数的关联性仍可能会受到一定的影响。②时间尺度。不同时间尺度的 SPI，对干旱持续性的表现能力各不相同[129]，因而其与 PA-VCI 指数的关联性可能也存在一定的差异。③作物生长季。作物处于生长季不同阶段，对水分的需求情况不尽相同[130]。SPI 指数考虑的仅是降水资料，跟作物需水量并不直接相关，因此不直接反映作物的生长状况。这与 PA-VCI 指数直接监测作物生长状态是存在差异的。

二、等级划分

SPI 指数反映了不同时间、地区降水气候特点，其干旱等级通常是根据降水累积频率分布来划分的[123]。美国国家气候数据中心（National Climatic Data Center，NCDC）依据 SPI 值的分布，将其分为 7 类[131]：极度潮湿（$SPI \geqslant 2.0$）、非常潮湿（$2.0 > SPI \geqslant 1.5$）、中度潮湿（$1.5 > SPI \geqslant 1.0$）、近似平常（$1.0 > SPI > -1.0$）、中度干旱（$-1.0 \geqslant SPI > -1.5$）、严重干旱（$-1.5 \geqslant SPI > -2.0$）和极度干旱（$-2.0 \geqslant SPI$）。冷松和武建军等[123]分析了中国甘肃、宁夏回族自治区等区域旱情，通过统计降水累积频率分布，对 SPI 指数的干旱等级作了如表 5-1 所示的划分。

表 5-1　SPI 对应降水累积频率分布

等级	类型	SPI 值	出现频率（%）
0	无	$0.5 < SPI$	68
1	中旱	$-1.0 < SPI \leqslant -0.5$	15
2	重旱	$-1.5 < SPI \leqslant -1.0$	10
3	极旱	$-2.0 < SPI \leqslant -1.5$	5
4	特旱	$SPI \leqslant -2.0$	2

表 5-2　NDVI、SPI 和 VCI 的干旱等级划分

等级	描述	NDVI	SPI	VCI
0	正常	> 0.4	> 0.0	> 40
1	轻旱	< 0.4	< 0.0	< 40
2	中旱	< 0.3	< -1.0	< 30
3	重旱	< 0.2	< -1.5	< 20
4	极旱	< 0.1	< -2.0	< 10

Persendt[132] 在总结 Bhuiyan 等[128]、McKee 等[33] 和 Kogan 等[122] 成果的基础上，给出了 NDVI、SPI 和 VCI 干旱等级划分方式（表 5-2）。

美国地区，干旱等级通常分为 5 级，即：异常干燥（abnormally dry）、中旱（moderate drought）、重旱（severe drought）、极旱（extreme drought）和特旱（exceptional drought）。Svoboda 等[133] 给出了 PDSI、CPC 土壤湿度模型百分比（Soil Moisture Model Percentiles，CPC/SM）、USGS 径流百分比（Streamflow Percentiles，USGS/SP）、正常降水百分比（Percent of Normal Precipitation，PNP）[134]、SPI 和 VHI 6 种干旱监测指数的关系及所对应的干旱级数（表 5-3）。

表 5-3　PDSI、SM、SP、PNP、SPI 和 VHI 的干旱等级划分

等级	描述	PDSI	CPC/SM	USGS/SP	PNP（%）	SPI	VHI
D0	异常干燥	-1.0 ~ -1.9	21 ~ 30	21 ~ 30	< 75（3 个月）	-0.5 ~ -0.7	36 ~ 45
D1	中旱	-2.0 ~ -2.9	11 ~ 20	11 ~ 20	< 70（3 个月）	-0.8 ~ -1.2	26 ~ 35

（续表）

等级	描述	PDSI	CPC/SM	USGS/SP	PNP（%）	SPI	VHI
D2	重旱	− 3.0 ~ − 3.9	6 ~ 10	6 ~ 10	< 65（6 个月）	− 1.3 ~ − 1.5	16 ~ 25
D3	极旱	− 4.0 ~ − 4.9	3 ~ 5	3 ~ 5	< 60（6 个月）	− 1.6 ~ − 1.9	6 ~ 15
D4	特旱	≤ − 5.0	0 ~ 2	0 ~ 2	< 65（12 个月）	≤ − 2.0	1 ~ 5

表 5-4　SPI 与 VCI 的干旱等级划分

等级	描述	SPI	VCI	标记值
N0	正常	$SPI > -0.5$	$VCI > 0.45$	0
D0	异常干燥	$-0.5 \geqslant SPI > -0.8$	$0.45 \geqslant VCI > 0.35$	1
D1	中旱	$-0.8 \geqslant SPI > -1.2$	$0.35 \geqslant VCI > 0.25$	2
D2	重旱	$-1.2 \geqslant SPI > -1.6$	$0.25 \geqslant VCI > 0.15$	3
D3	极旱	$-1.6 \geqslant SPI > -2.0$	$0.15 \geqslant VCI > 0.05$	4
D4	特旱	$-2.0 \geqslant SPI$	$0.05 \geqslant SPI$	5

表 5-3 中，VHI 为植被健康指数（Vegetation Health Index）[45]，该指数依赖于 VCI 和温度状态条件指数（Temperature Condition Index，TCI）[45]。VHI、VCI 和 TCI 存在以下关系式：

$$VHI = \alpha \cdot VCI + (1 - \alpha) \cdot TCI \tag{5-10}$$

通常 α 设置为 0.5[135]，即 VCI 和 TCI 在 VHI 的计算过程中具有相同的权重。

根据表 5-3 的成果，给出 SPI 和 VCI/PA-VCI 指数对干旱等级的划分方式（表 5-4）。

三、时间滞后及互相关性分析

许多学者分析与讨论了基于遥感影像的干旱指数与基于气象观测站点的干旱指数的时间超前滞后关系。降雨对植被的影响并不会立即显现，而是会累积[136]。Duttaa 等[137]认为 NDVI 与不同时间尺度的 SPI 存在不同的时间超前滞后。但时间超前滞后通常与地域有关[136]。Di 等[138]

95

发现 Nebraska 州半干旱半湿润沙丘地区生长季降雨相对 NDVI 的时间延迟为 14~25 天。Yang 等[139]发现对于 Nebraska 州所有植被的时间延迟为 5~7 周。Kansas 州草地和作物的时间延迟近似为 1 个月。美国中部和北部平原的延迟时间为 2~12 周（具体延迟时间依赖于生长期）。

SPI 指数相对 VCI 指数的时间延迟鲜有研究。尽管上述文献综述主要针对 NDVI 与 SPI 的时间延迟，但由此可知，PA-VCI 指数与 SPI 指数的超前滞后关系同样与地理位置、时间尺度和作物生长季等因素相关。

对于特定的地理位置、时间尺度、和作物类型。本书拟直接分析两种指数时间序列的互相关性（cross correlation）$\emptyset_{VCI, SPI}(t)$ 和所对应的超前滞后时间 t。

$$\emptyset_{VCI, SPI}(t) = \int_{-\infty}^{\infty} VCI(\tau - t) \cdot SPI(\tau) d\tau \tag{5-11}$$

归一化后的互相关性 $\bar{\emptyset}_{x, y}(t)$ 为：

$$\bar{\emptyset}_{VCI, SPI}(t) = \frac{\emptyset_{VCI, SPI}(t)}{\lambda} \tag{5-12}$$

其中，$VCI(\tau)$ 和 $SPI(\tau)$ 分别为 VCI 和 SPI 指数时间序列。原始时间序列的长度为 N，如果利用公式（5-12）计算所有可能的时间延迟 $t = 0，1，2，\cdots，N-1$，那么所得到的互相关性序列长度将为 $2N-1$。归一化的 $\bar{\emptyset}_{x, y}(t)$ 值处于 -1 至 1 之间。$|\bar{\emptyset}_{x, y}(t)|$ 越接近 1，说明互相关性越强，其中，$\bar{\emptyset}_{x, y}(t) = 1$ 表示正相关，$\bar{\emptyset}_{x, y}(t) = -1$ 为负相关。

第四节　实验与结果分析

一、研究区及数据

本研究以 Iowa 州 99 个县为研究区（县的 FIPS 编码见图 5.6（a），

FIPS 编码对应的县名可参考附录 I 表 B），10 年（2002—2011 年）的
MODIS NDVI 影像时间序列、CDL 数据、气象观测站降水数据为数
据源。

其中，MODIS NDVI 影像时间序列和 CDL 数据的描述可参考第 3
章。所采用的气象观测站点共 134 个（考虑到应用于县级别应用，故
采用了比第 4 章更为密集的气象站点），近似均一的分布于各县
（图 5.6（b））。站点地理位置见附录 I 表 C。利用 5.2 介绍的 SPI 数据
预处理方法，通过点面数据的转换和 SPI 时间序列的插值，最终可得
到以县为单元、周时间粒度的 SPI 时间序列，结果见图 5.5。利用第 3
章介绍的影像合成、影像掩膜和本章 5.1.2 介绍的 PA-VCI 计算方法，
可得到以县为单元周时间粒度的 PA-VCI 时间序列，结果见图 5.7。

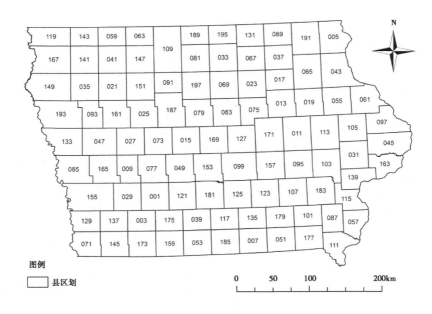

（a）Iowa州县FIPS编码

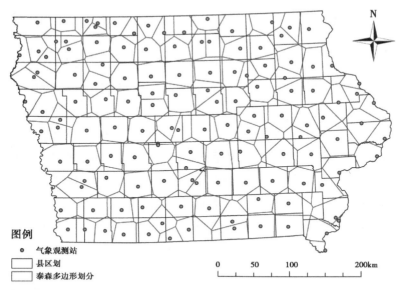

（b）气象站对县单元的泰森多边形划分

图 5.6　气象观测站的空间分布和泰森多边形划分

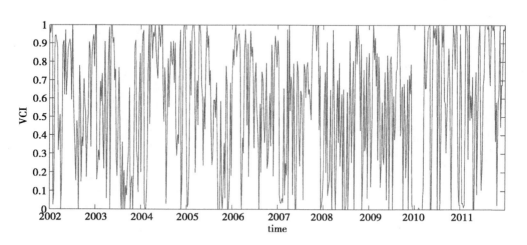

图 5.7　县级 PA-VCI 指数（FIPS 编码：003）

二、时间滞后及互相关性探讨

根据 5.3.3 的分析，SPI 与 PA-VCI 可能存在时间上的超前或滞后。本书仅考虑相同区域、月时间尺度 SPI（插值后为周粒度）与 PA-VCI 的时间超前滞后对应的互相关性，两指数在作物生长季的不同阶段的差异暂不考虑，即只分析 SPI 与 PA-VCI 指数 2002—2011 年时间序列（共 520 个时间节点）整体的时间超前或滞后，并得到相应的互相关性。

图 5.8（a）显示的是 ADAMS 县（FIPS 编码：003）时间超前滞后与互相关性的关系。由图 5.8（a）可知，SPI 相对 PA-VCI 时间延迟 3 周是互相关性达到峰值，对应的值为 0.3279。图 5.8（b）显示的是 VCI 与 SPI 互相关性、PA-VCI 与 SPI 互相关性。从曲线走势分析来看，PA-VCI 与 SPI 的相关性整体上要比 VCI 与 SPI 互相关性高，这在一定程度上验证了利用作物物候信息修正 VCI 指数的必要性。尽管 PA-VCI 与 SPI 指数的相关性仍然不高，但这并不影响结合两指数进行玉米作物旱情的监测。

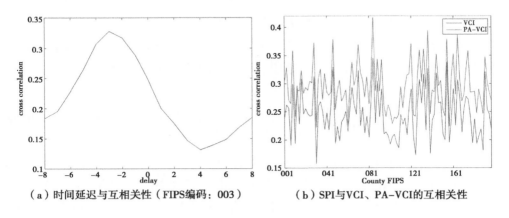

（a）时间延迟与互相关性（FIPS编码：003）　　（b）SPI与VCI、PA-VCI的互相关性

图 5.8　互相关性

图 5.9（a）显示的是 Iowa 州 99 个县互相关性最大值的时间超前

滞后统计。由图 5.9（b）可知延迟时间为 3 周时出现峰值，对应的值为 31。

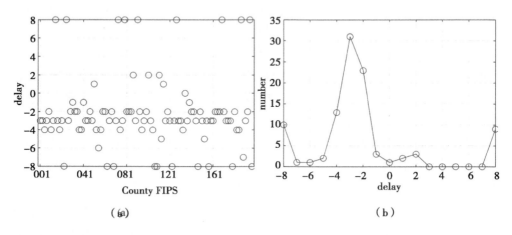

（a）　　　　　　　　　　　　　（b）

图 5.9　时间延迟的确定

三、干旱监测分析

为了检验本书方法的有效性，笔者与美国干旱监测网（DM）[56]发布的结果进行了对比。美国干旱减灾中心（National Drought Mitigation Center）通过美国干旱监测网发布每周的干旱监测信息。美国干旱监测网采用综合指标评估或预测旱情。它是以遥感干旱指数、气象干旱指数、环境因子等为自变量，以 PDSI 指数为因变量，建立的干旱监测专家系统。另外，笔者也依据了历史上重大干旱灾害的记录。据记载 Iowa 州的东南部在 2005 年遭受了重旱[140]。

图 5.10~5.13 显示的是 Iowa 州 2005 年 8 月份 DM 监测结果，以及利用 SPI、VCI、PA-VCI 监测的结果。对比 SPI、VCI、PA-VCI 估计结果和 DM 监测结果发现：SPI 对旱情的表现不足，而 VCI 和 PA-VCI 表现过重。对于 SPI 的表现不足，一方面是由于 SPI 指数仅考虑的是降水，并没有直接考虑玉米作物对水分的需求；另一方面是由

于 SPI 没有考虑蒸散量对水分的流失。对于 VCI 和 PA-VCI 表现过重，主要原因是由于 MODIS 数据到现在只有约 10 年数据，历史数据量不足。如果深入研究 MODIS 影像，在有足够数据积累的基础上在模型中加入经验模型，可以提高模型的精度。尽管 SPI 的表现不足，而 VCI 和 PA-VCI 表现过重，但它们在趋势上与 DM 一致的。也就是说，相对关系与 DM 一致，尽管它们在干旱等级上出现一定程度的错位。另外，这 3 个指数都显示 Iowa 州在 2005 年发生了较为严重的干旱灾害。

表 5-5　PA-VCI 与 VCI 指数在干旱监测中的比较

日期	PA-VCI 相比 VCI 指数					
	优		劣		不确定	
	县 FIPS 编码	小计（个）	县 FIPS 编码	小计（个）	县 FIPS 编码	小计（个）
2005-08-02	047；　　　　115；149；193	4	119	1	007；055	2
2005-08-09	093；　　　　109；133；193	4		0	077；107	2
2005-08-16	033；035；049；069；127；133；149；171；193	9	015；025；027；047；073；079；091；093；109；165；187	11	011；013；039；061；095；103；107；113；115；139；157；159；181；183	14
2005-08-23		0	143；033	2	007；111；183	3
合计（个）		17		14		21

通过图 5.10~5.13 发现，PA-VCI 整体上要优于 VCI 指数（表 5-5）。参考图 5.10~5.13 和表 5-5，2005 年 8 月 2 日（图 5.10）和 8 月 9 日（图 5.11）的监测结果，PA-VCI 在细节上要优于 VCI；8 月 23 日的监测结果（图 5.13），VCI 在细节上要优于 PA-VCI；

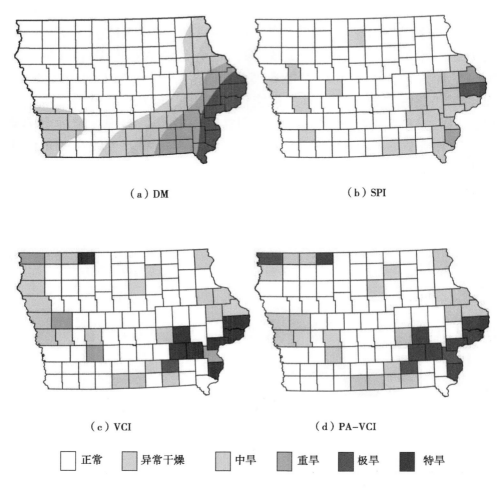

（a）DM

（b）SPI

（c）VCI

（d）PA-VCI

正常　异常干燥　中旱　重旱　极旱　特旱

图 5.10　2005 年 8 月 2 日的监测与估计结果

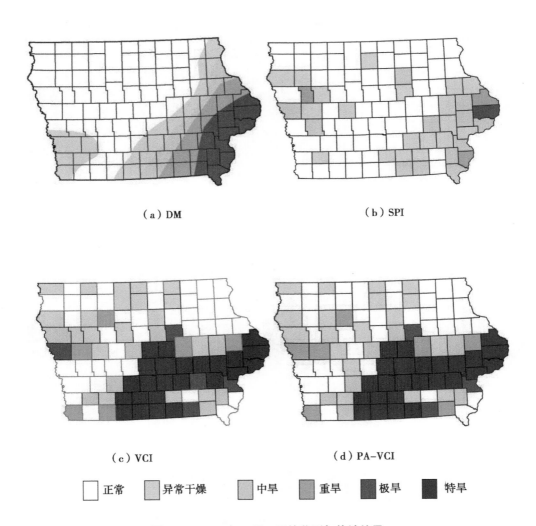

（a）DM

（b）SPI

（c）VCI

（d）PA–VCI

□ 正常　■ 异常干燥　■ 中旱　■ 重旱　■ 极旱　■ 特旱

图 5.11　2005 年 8 月 9 日的监测与估计结果

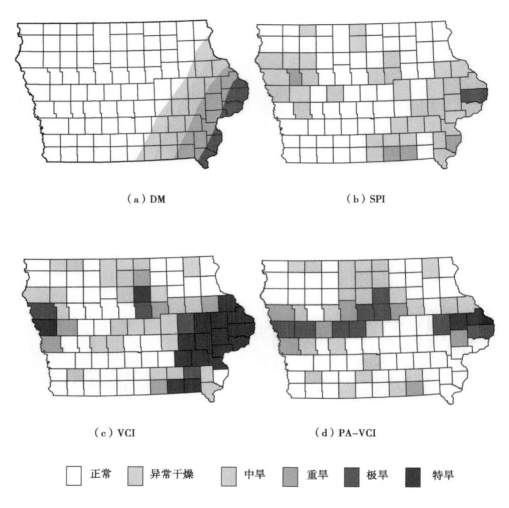

（a）DM　　　　　　　　　　　　　　（b）SPI

（c）VCI　　　　　　　　　　　　　　（d）PA–VCI

□ 正常　　■ 异常干燥　　■ 中旱　　■ 重旱　　■ 极旱　　■ 特旱

图 5.12　2005 年 8 月 16 日的监测与估计结果

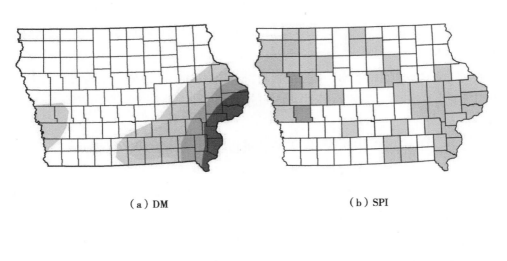

（a）DM　　　　　　　　　　　（b）SPI

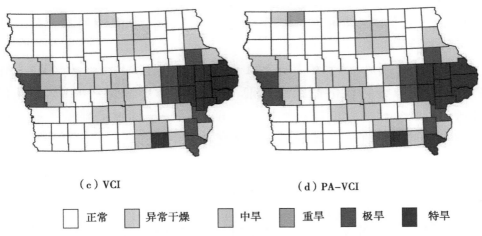

（c）VCI　　　　　　　　　　　（d）PA–VCI

☐ 正常　　■ 异常干燥　　■ 中旱　　■ 重旱　　■ 极旱　　■ 特旱

图 5.13　2005 年 8 月 23 日的监测与估计结果

　　值得一提的是，在统计 8 月 16 日的监测结果时（图 5.12），出现许多不能确定优劣的县单元，这主要是由于真实值（DM 监测结果）处于两者监测结果之间，难以裁定，或者是两者出现在干旱的空间趋势的位置不确定。这种不能确定优劣的县单元高达 14 个之多。尽管在数量上 VCI（11 个）要优于 PA-VCI（9 个），但是根据干旱演变的趋势，PA-VCI 的监测结果要明显优于 VCI（图 5.12（c）中存在过多的特旱类别）。

检验 PA-VCI 与 SPI 的互相关性和时间超前滞后关系、验证 PA-VCI 相对 VCI 在农业干旱监测中的优势，一定程度上受以下条件的制约。

（1）MODIS NDVI 影像的数据质量。尽管 MODIS 数据通过增加质量控制波段以提高其数据质量，但一定程度上仍然受到云以及云在地面投射时的阴影、气溶胶等的影响。这些噪声为 NDVI 值的计算、玉米作物物候的检测增加了许多不确定因素。

（2）农田灌溉系统对玉米作物需水量的影响。影响 PA-VCI 与 SPI 互相关性较为重要的因素即为农田灌溉系统。农田灌溉直接影响玉米作物对降雨量的需求。在今后的研究中，将考虑该因素，建立更为完善的降水指数。

（3）作物物候检测对 PA-VCI 的影响。验证 PA-VCI 和 VCI 受作物物候检测算法精度的制约。目前，由于受 MODIS NDVI 数据质量的限制，需进行影像合成以过滤噪声，但这在一定程度上降低了影像时间序列的时间分辨率，降低了作物物候检测的精度。

本章小结

本章首先针对 VCI 指数计算过程中以日历年为时间基准的缺陷，引入了作物物候因子实现对 VCI 时间基准的校正，建立了 PA-VCI 指数；针对 PA-VCI 的合理性，一方面通过比较 PA-VCI 指数与 SPI 指数的互相关性、VCI 指数与 SPI 指数的互相关性，发现前者的互相关性整体上要比后者高；另一方面，通过结合 Iowa 州 2005 年典型的干旱灾害事件中，PA-VCI 指数和 VCI 指数的监测结果对比，发现前者在反映旱情变化趋势上要比后者突出。接着，结合本书融合多干旱指数的目的，介绍了利用气象观测站点降雨量的 SPI 指数，并给出了点面数据转换方法、SPI 时间序列的插值方法。结合遥感和气象干旱指数现有研究为基础，分析了 PA-VCI 指数与 SPI 指数的联系，给出两者对干旱等级的划分，讨论了时间超前滞后及互相关性。通过对 Iowa 州 99 个县 2002—2011 年的数据分析，并结合典型的干旱灾害事件，发现 SPI 指数对旱情表现不足，而 PA-VCI 指数则表现过重。融合 PA-VCI 指数和 SPI 指数，使其能取其长避其短，实现对农作物旱情的联合监测非常有必要。今后将对 VCI、PA-VCI 和 SPI 指数做更为精准的定量验证分析。

第六章 基于结构推理的多干旱指数融合方法

由于干旱自身的复杂特性和对社会影响的广泛性，干旱指标大都是建立在特定的地域和时间范围内，有其相应的时空尺度，单个干旱指标很难达到时空上普遍适用的条件。现行干旱监测方法虽有基于遥感和气象观测指标的多干旱指数融合模型，但并没有考虑数据本身在时空尺度上的有效性。本书提出一种基于结构推理的多干旱指数融合方法。该方法首先将多干旱指数融合过程分解成多种模式，然后根据所构建的概率模型，估计当前时间节点所对应的融合模式，实现玉米作物旱情的监测。本方法顾及了各指数在时间维度上的有效性，优化了融合结果。为此，本章首先规定了所涉及的符号，介绍了结构推理的原理，并将其在时间维度上进行了扩展；针对玉米作物干旱监测的需求，设计了多干旱指数的融合模型，介绍了模型参数估计方法；最后，通过实验验证了本书方法的有效性。

第一节 符 号

隐性状态（latent state）$\{l_0, \cdots, l_{N-1}\}$，模式变量（model variable）（也可以看做是隐性状态）m_1 和 m_2；

观测值序列 $D^t = \{x_1^t, x_2^t\}$，$(t = 1, \cdots, T)$，其中，T 为时间序列的维度；

初始状态、模式概率分布 $P(l^{t=1}(i))$、$P(m_1^{t=1}(j))$ 和 $P(m_2^{t=1}(k))$，简记为 $\pi_i^l(t=1)$、$\pi_j^{m1}(t=1)$ 和 $\pi_k^{m2}(t=1)$。

隐性状态转移概率 $P(l^t(i) \mid l^{t-1}(i'))$，$(i, i' = 1, \cdots, N)$，简记

为 $a_{i',\,i}^{l}$ ；或隐性状态转移矩阵 $P(l^{t}\mid l^{t-1})$ ，简记为 a^{l} ；

模式转移概率 $P(m_{1}^{t}(j)\mid m_{1}^{t-1}(j'))$ 和 $P(m_{2}^{t}(k)\mid m_{2}^{t-1}(k'))$ ，$(j,$ $j',\,k,\,k'=0,\,1)$ ，分别简写为 $a_{j',\,j}^{m1}$ 和 $a_{k',\,k}^{m2}$ ；或模式转移矩阵 $P(m_{1}^{t}\mid m_{1}^{t-1})$ 和 $P(m_{2}^{t}\mid m_{2}^{t-1})$ ，分别简记为 a^{m1} 和 a^{m2} ；

观测值概率 $P(D^{t}\mid l^{t}(i),\,m_{1}^{t}(j),\,m_{2}^{t}(k))$ ，简记为 $b_{i,\,j,\,k}(D_{t})$ ；或观测值概率矩阵 $P(D^{t}\mid l^{t},\,m_{1}^{t},\,m_{2}^{t})$ ，简记为 $b(D_{t})$ ；

前向概率 $\alpha_{i,\,j,\,k}^{t}$ ，和后向概率 $\beta_{i,\,j,\,k}^{t}$ 。

第二节　结构推理原理

结构推理（Structure Inference）可看作是因果推论（Causal Inference）的子类[141]。它们都是基于结果发生的条件，得出关于因果关联的结论。以两实体相关性的先验为基础，可指示当前它们之间的因果联系，但必须利用其他指标建立两实体因果联系的精确形式。Körding 等[142]将因果推理引入多传感器感知（Multisensory Perception）的应用中。在其论文中举了一个简单的异源实例——木偶表演。在木偶表演例子中，木偶做出各种动作（视觉），而由操纵者模拟其发出声音（听觉），这是一个典型的不同源问题）。Hospedales 等[143-145]针对多传感器感知应用，提出了结构推理的基本模式，和模型参数的估计方法。Shams 和 Beierholm[141]在其综述性学术论文 *Causal Inference in Perception* 中，认为 Hospedales 和 Körding 的方法具有相似性，都可定义为"层次因果推理模型（Hierarchical Causal Inference，HCI）"。

在介绍结构推理原理之前，先通过一简单的案例对问题进行陈述：

牧人丢失了一只羊，他去附近的小树林寻找。牧人有两种可行的途径追踪到丢失的这只羊（记作目标 l），即通过羊发出的"咩咩"叫声（记作特征 x_{1}）或泥地上的足迹（记作特征 x_{2}），判断其方位。牧人追寻到一个十字路口，他在西向的泥沼边发现了一排羊的足印。而正当他准备向西寻找时，他突然听到北边传来一阵羊叫声。

对于上述问题，常规数据融合模型（pure-fusion models）认为两项特征（x_1 和 x_2）对应的表象来源于同一目标 l，然后选用最优的数据融合参数（比如设定特征的权重），进行多源数据的融合。

而对于结构推理方法，首先会确定丢失的羊（目标 l）和两特征（x_1 和 x_2）间的关系。通常存在 4 种可能的关系（图 6.1）：①与 x_1 和 x_2 相关；②仅与 x_1 相关；③仅与 x_2 相关；④与 x_1 和 x_2 均无关），然后依据确定好的模式（M_1 和 M_2），进行模型参数的估计。即结构推理通常分为两个步骤：模式选择和参数估计。该过程具备良好的因果推理逻辑，贝叶斯其他方法，比如贝叶斯变点分析（Bayesian Changepoint Analysis）也吸取了模式选择的思路。Kim 等[146]利用贝叶斯变点分析检测韩国近 30 年降雨奇变点。

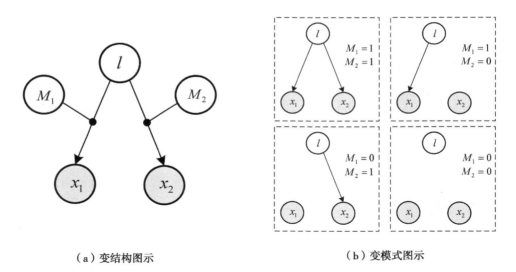

（a）变结构图示　　　　　　　　　　（b）变模式图示

图 6.1　结构推理的图模式

由图 6.1 可知，变量 m_1 和 m_2 控制模型的模式。m_1 和 m_2 为二值模式，1 表示相关（前景），0 表示不相关（背景）。假设目标 l 的参数为 Θ_l，x_1 和 x_2 的前景参数分别为 Θ_1 和 Θ_2，背景参数为 Θ_b。那么，联合概率可以表示成：

$$P(D, l, m_1, m_2) = P(D \mid l, m_1, m_2) \cdot P(l, m_1, m_2)$$
$$= P(x_1 \mid l, \Theta_1)^{m_1} \cdot P(x_1 \mid \Theta_b)^{1-m_1} \cdot$$
$$P(x_2 \mid l, \Theta_2)^{m_2} \cdot P(x_2 \mid \Theta_b)^{1-m_2} \cdot P(l \mid \Theta_l) \cdot$$
$$P(m_1) \cdot P(m_2) \tag{6-1}$$

由公式（6-1）可知，m_1 和 m_2 不同的取值组合，可衍生出 4 种模式，即：

当 $m_1 = 0$，且 $m_2 = 0$ 时，
$$P(D \mid l, m_1, m_2) = P(x_1 \mid \Theta_b) \cdot P(x_2 \mid \Theta_b) \tag{6-2}$$

当 $m_1 = 1$，且 $m_2 = 0$ 时，
$$P(D \mid l, m_1, m_2) = P(x_1 \mid l, \Theta_1) \cdot P(x_2 \mid \Theta_b) \tag{6-3}$$

当 $m_1 = 0$，且 $m_2 = 1$ 时，
$$P(D \mid l, m_1, m_2) = P(x_1 \mid \Theta_b) \cdot P(x_2 \mid l, \Theta_2) \tag{6-4}$$

当 $m_1 = 1$，且 $m_2 = 1$ 时，
$$P(D \mid l, m_1, m_2) = P(x_1 \mid l, \Theta_1) \cdot P(x_2 \mid l, \Theta_2) \tag{6-5}$$

当 $m_1 = 1$，且 $m_2 = 1$ 时，结构推理便退化成常规数据融合模型。因此，常规数据融合模型可以看做是结构推理融合方法的子类。

第三节　时间维度上的扩展

为了提供更为精准的模型参数先验，将结构推理在时间维度上进行了扩展，以满足时间序列处理与分析的需要。为了实现上述模型在时间维度上的扩展，选用了因子隐马尔可夫模型（Factorial Hidden Markov Model，FHMM）[147]。FHMM 是 HMM 的一种扩展形式，采用更为复杂的状态结构来提升 HMM 模型的表征能力，通过松耦合的方式对多个随机过程进行建模[148]。它假定系统存在着多条 Markov 链，形成了由若干层组成的信任网络。如图 6.2 所示，每一层都是一个状态变量的 Markov 过程，层与层之间统计独立，但是观测到的变量依赖于每一层的当前状态。FHMM 适用于动态过程时间序列的建模并具有强

大的时序模式分类能力，特别适合非平稳、重复再现性不佳的信号分析，理论上可处理任意长的序列[147]。

FHMM 在时间序列上的每一个时间点上仅有一个观测节点，但存在多个状态节点。如图 6.2 所示，l^t、m_1^t 和 m_2^t 均为状态节点。在 FHMM 中，层的特性仅允许同一层状态的转移，这样把状态分解成若干层，因此系统可以模拟几个松弛耦合的动态过程。每一层都类似于基本的 HMM 模型，所不同的是，在某个时刻的观测概率依赖于所有层的当前状态。

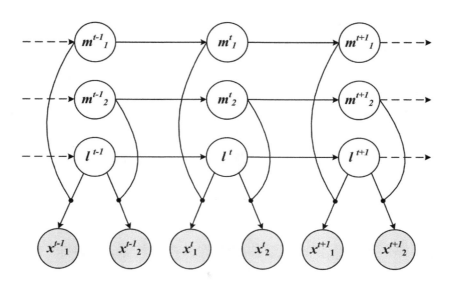

图 6.2　因子隐马尔可夫模型

多干旱指数的融合处理，可看作是给定观测值时间序列 $\{D^1，\cdots，D^{t'}\}$，估计最大后验概率 $P(l^t(i)，m_1^t(j)，m_2^t(k) \mid D^{1:t'})$ 所对应的隐形状态 l（t 为当前时间节点）。针对 t' 的取值条件，将融合过程分为 3 类：
（1）当 $t' > t$ 时，可理解为对时间序列的平滑处理，即为离线化操作；
（2）当 $t' = t$ 时，其可理解为对时间序列的过滤化处理，即为在线操作，可满足动态监测等应用；（3）当 $t' < t$ 时，可理解为预测处理。对于本案例，主要侧重于对旱情的动态监测，故采用过滤化处理，即 t' 等于当前时间 t。多干旱指数的过滤处理可表示为：

假设 $\alpha_{i,j,k}^t \triangleq P(l^t(i)，m_1^t(j)，m_2^t(k)，D^{1:t})$，那么：

$$P(l^t(i)，m_1^t(j)，m_2^t(k) \mid D^{1:t}) \propto \frac{\alpha_{i,j,k}^t}{\sum\limits_{i,j,k} \alpha_{i,j,k}^t} \tag{6-6}$$

而：

$$\alpha_{i,j,k}^t \propto P(D^t \mid l^t(i)，m_1^t(j)，m_2^t(k)) \cdot \sum_{l^{t-1}，m_1^{t-1}，m_2^{t-1}} P(l^t(i) \mid$$

$$l^{t-1}(i')) \cdot P(m_1^t(j) \mid m_1^{t-1}(j')) \cdot P(m_2^t(k) \mid m_2^{t-1}(k')) \cdot \alpha_{i',j',k'}^{t-1} \tag{6-7}$$

公式（6-7）的证明参见附录 II 公式 B。对公式（6-7）进行了符号简化，即：

$$\alpha_{i,j,k}^t \propto b_{i,j,k}(D_t) \cdot \sum_{l^{t-1}，m_1^{t-1}，m_2^{t-1}} a_{i',i}^l \cdot a_{j',j}^{m1} \cdot a_{k',k}^{m2} \cdot \alpha_{i',j',k'}^{t-1} \tag{6-8}$$

而对于初始时刻，即 $t=1$ 时，

$$\alpha_{i,j,k}^{t=1} \propto b_{i,j,k}(D_1) \cdot \pi_i^l(t=1) \cdot \pi_j^{m1}(t=1) \cdot \pi_k^{m2}(t=1) \tag{6-9}$$

由公式（6-8）和公式（6-9）可知，整个估计过程主要由状态先验概率分布 $\pi_i^l(t=1)$、$\pi_j^{m1}(t=1)$ 和 $\pi_k^{m2}(t=1)$，状态转移概率 $a_{i',i}^l$、$a_{j',j}^{m1}$ 和 $a_{k',k}^{m2}$，以及观测值概率 $b_{i,j,k}(D_t)$ 的参数控制。为此，在接下来的章节，将着重介绍模型参数的估计方法。

第四节　模型参数估计

对于 FHMM 模型的参数，拟采用 EM（Expectation-Maximization）算法进行估计。而对于 EM 算法来说，需给定模型参数的初始值，然后通过迭代完成参数的估计。为此，接下来将介绍模型参数的初始化方法和模型参数 EM 优化方法。

一、模型参数初始估计

1. 初始状态概率分布

初始状态概率分布，即隐性状态（$P(l^{t=1}(i))$）、模式（$P(m_1^{t=1}(j))$ 和 $P(m_2^{t=1}(k))$）在 $t=1$ 时刻的先验概率，其中，$i = 0, \cdots, N-1$，$j, k = 0, 1$。我们可以通过统计历史数据获取该概率参数，比如从美国干旱监测（DM）中，提取部分县的干旱情况作为样本。记 PA-VCI 观测值为 VCI，记 SPI 观测值为 SPI，给出以下概率初始化公式：

$$P(l^{t=1}(i)) = \frac{num(DM=i)}{num(DM)}$$

$$P(m_1^{t=1}(0)) = \frac{num(VCI \cong DM)}{num(DM)}; \quad P(m_1^{t=1}(1)) = \frac{num(VCI = DM)}{num(DM)}$$

$$P(m_2^{t=1}(0)) = \frac{num(SPI \cong DM)}{num(DM)}; \quad P(m_2^{t=1}(1)) = \frac{num(SPI = DM)}{num(DM)}$$

其中，$\sum_{i=1}^{N} P(l^{t=1}(i)) = 1$，$\sum_{j=0}^{1} P(m_1^{t=1}(j)) = 1$，$\sum_{k=0}^{1} P(m_2^{t=1}(k)) = 1$；$num(\cdot)$ 为统计符合条件个数的函数；符号 $\cong$ 表示不等于。

2. 状态转移矩阵

由模型的定义及干旱监测应用可知，模式转移矩阵为 2×2 矩阵，而隐性状态转移矩阵为 6×6 矩阵（6 种旱情状态）。转移概率可以表示为：

$$a_{i', i}^{l} = \frac{num_l(i \mid i')}{\sum_{ii=0, ii'=0}^{5, 5} num_l(ii \mid ii')} \tag{6-10}$$

$$a_{j', j}^{m1} = \frac{num_{m_1}(j \mid j')}{\sum_{jj=0, jj'=0}^{1, 1} num_{m_1}(jj \mid jj')} \tag{6-11}$$

$$a_{k',\ k}^{m2} = \frac{num_{m_2}(k \mid k')}{\sum\limits_{kk=0,\ kk'=0}^{1,\ 1} num_{m_2}(kk \mid kk')} \tag{6-12}$$

其中，$num_l(i \mid i')$ 函数表示：对于 l，从其 i' 状态转移到 i 的个数；同理，$num_{m_1}(j \mid j')$ 和 $num_{m_2}(k \mid k')$，分别表示从 m_1 的 j' 状态转移到 j 状态的个数和从 m_2 的 k' 状态转移到 k 状态的个数。

3. 观测值概率矩阵

再回顾公式（6-2）~公式（6-5），发现估计观测值概率矩阵，实质上就是确定参数 Θ_1、Θ_2 和 Θ_b。公式（6-2）~公式（6-5）中，$P(x_1 \mid \Theta_b)$、$P(x_2 \mid \Theta_b)$、$P(x_1 \mid l, \Theta_1)$ 和 $P(x_2 \mid l, \Theta_2)$ 分别为 6×1、6×1、6×6 和 6×6 矩阵。给出以下初始化公式：

$$P(x_1(j) \mid \Theta_b) = \frac{num((VCI \cong DM) \& (VCI = j))}{num(DM)}$$

$$P(x_2(k) \mid \Theta_b) = \frac{num((SPI \cong DM) \& (SPI = k))}{num(DM)}$$

$$P(x_1(j) \mid l(i), \Theta_1) = \frac{num((VCI = DM) \& (VCI = j) \& (DM = i))}{num(DM)}$$

$$P(x_2(k) \mid l(i), \Theta_1) = \frac{num((SPI = DM) \& (SPI = k) \& (DM = i))}{num(DM)}$$

由于本应用中，PA-VCI、SPI 与 DM 具有相同类型的值，故 $P(x_1 \mid l, \Theta_1)$ 和 $P(x_2 \mid l, \Theta_2)$ 实质上为对角矩阵。

二、模型参数优化估计

对于 FHMM 模型参数的优化，拟采用前向-后向算法。该算法由 Baum 于 1972 年提出，又称为 Baum-Welch 算法[149]，它可以看作是 EM 算法的一个特例。对于给定的观察序列 D，没有任何一种方法可以精确地找到一组最优的隐马尔可夫模型参数 λ，使得 $P(D \mid \lambda)$ 全局最大化。为此，Baum-Welch 算法转为使 $P(D \mid \lambda)$ 局部最优，并成为 HMM 模型学习问题的一种近似解决方法，图 6.3 为 Baum-Welch 算法的示意图。

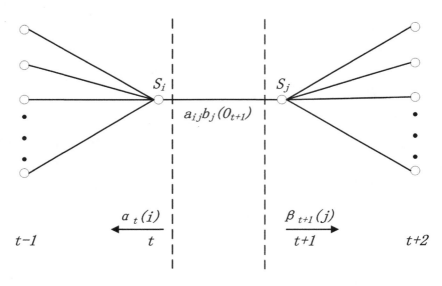

图 6.3 前向–后向算法示意图

在利用 Baum–Welch 算法进行参数求解之前，需确定 FHMM 模型的前向概率 $\alpha^t_{i,j,k}$ 和后向概率 $\beta^t_{i,j,k}$。根据前向概率的定义 $\alpha^t_{i,j,k} = P(l^t(i)，m^t_1(j)，m^t_2(k)，D^{1:t})$，可以通过公式（6–8）计算得到。而后向概率 $\beta^t_{i,j,k}$ 可表示为：

$$\beta^t_{i,j,k} = P(D^{t+1:T} \mid q^l_t = S^l_i，q^{m_1}_t = S^{m_1}_j，q^{m_2}_t = S^{m_2}_k，\lambda) \qquad (6\text{–}13)$$

对其展开之后可表示为（公式推导见附录 II 公式 C）：

$$\beta^t_{i,j,k} \propto \sum_{i',j',k'} a^l_{i,i'} \cdot a^{m1}_{j,j'} \cdot a^{m2}_{k,k'} \cdot b_{i',j',k'}(D_{t+1}) \cdot \beta^{t+1}_{i',j',k'} \qquad (6\text{–}14)$$

在给出前向概率 $\alpha^t_{i,j,k}$ 和后向概率 $\beta^t_{i,j,k}$ 之后，还需定义两个变量：

（1）给定模型参数 λ 和观察序列 D 条件下，定义 t 时刻位于隐藏状态 $i，j，k$ 和 $t+1$ 时刻位于隐性状态 $i'，j'，k'$ 的概率变量为 $\xi^t_{i,j,k,i',j',k'}$，那么：

$$\xi^t_{i,j,k,i',j',k'} = P(l^t(i),\ m_1^t(j),\ m_2^t(k),\ l^{t+1}(i'),\ m_1^{t+1}(j'),\ m_2^{t+1}(k') \mid D,\ \lambda)$$
$$(6-15)$$

根据前向变量 $\alpha^t_{i,j,k}$ 和后向变量 $\beta^t_{i,j,k}$ 的定义，上式可用前向、后向变量表示为：

$$\xi^t_{i,j,k,i',j',k'} = \frac{\alpha^t_{i,j,k} \cdot a^l_{i',i} \cdot a^{m1}_{j',j} \cdot a^{m2}_{k',k} \cdot b_{i',j',k'}(D_{t+1}) \cdot \beta^{t+1}_{i',j',k'}}{P(D \mid \lambda)} =$$

$$\frac{\alpha^t_{i,j,k} \cdot a^l_{i',i} \cdot a^{m1}_{j',j} \cdot a^{m2}_{k',k} \cdot b_{i',j',k'}(D_{t+1}) \cdot \beta^{t+1}_{i',j',k'}}{\sum_{i',j',k'} \sum_{i,j,k} \alpha^t_{i,j,k} \cdot a^l_{i',i} \cdot a^{m1}_{j',j} \cdot a^{m2}_{k',k} \cdot b_{i',j',k'}(D_{t+1}) \cdot \beta^{t+1}_{i',j',k'}}$$
$$(6-16)$$

（2）给定模型参数 λ 和观察序列 D 条件下，定义 t 时刻位于隐藏状态 i,j,k 的概率变量 为 $\gamma^t_{i,j,k}$，那么：

$$\gamma^t_{i,j,k} = P(l^t(i),\ m_1^t(j),\ m_2^t(k) \mid D,\ \lambda) \qquad (6-17)$$

同样，该变量可由前向、后向变量表示为：

$$\gamma^t_{i,j,k} = \frac{\alpha^t_{i,j,k} \cdot \beta^t_{i,j,k}}{P(O \mid \lambda)} = \frac{\alpha^t_{i,j,k} \cdot \beta^t_{i,j,k}}{\sum_{i,j,k} \alpha^t_{i,j,k} \cdot \beta^t_{i,j,k}} \qquad (6-18)$$

其中，分母的作用是确保 $\sum_{i,j,k} \gamma^t_{i,j,k} = 1$；而上述定义的两个变量间也存在着如下关系：

$$\gamma^t_{i,j,k} = \sum_{i',j',k'} \xi^t_{i,j,k,i',j',k'} \qquad (6-19)$$

如果对于时间轴 t 上的所有 $\gamma^t_{i,j,k}$ 相加，可以得到一个总和，它可以被解释为从其他隐藏状态访问 i,j,k 的期望值（所有时间的期望）；或者，如果求和时不包括时间轴上的 $t=T$ 时刻，那么它可以被解释为从隐藏状态 i,j,k 出发的状态转移期望值，即 $\sum_{t=1}^{T-1} \gamma^t_{i,j,k}$。相似地，如果对 $\xi^t_{i,j,k,i',j',k'}$ 在时间轴 t 上求和（从 $t=1$ 到 $t=T-1$），那么该和可以被解释为从状态 i,j,k 的到状态 i',j',k' 的状态转移期望值，即 $\sum_{t=1}^{T-1} \xi^t_{i,j,k,i',j',k'}$。

利用这两个变量及其期望值来重新估计 FHMM 模型，得到新的参数 $\bar{\lambda} = \{\bar{\pi}_i,\ \bar{a}_{i,j},\ \bar{b}_j(k)\}$：

$$\bar{\pi}_i^l(t=1) = \sum_{j,k} \gamma_{i,j,k}^{t=1}; \quad \bar{\pi}_j^{m1}(t=1) = \sum_{i,k} \gamma_{i,j,k}^{t=1}; \quad \bar{\pi}_k^{m2}(t=1)$$
$$= \sum_{i,j} \gamma_{i,j,k}^{t=1} \tag{6-20}$$

$$\bar{a}_{i',i}^l = \frac{\sum_t \sum_{j,k,j',k'} \xi_{i,j,k,i',j',k'}^t}{\sum_t \sum_{j,k} \gamma_{i,j,k}^t}; \quad \bar{a}_{j',j}^{m1} = \frac{\sum_t \sum_{i,k,i',k'} \xi_{i,j,k,i',j',k'}^t}{\sum_t \sum_{i,k} \gamma_{i,j,k}^t};$$

$$\bar{a}_{k',k}^{m2} = \frac{\sum_t \sum_{i,j,i',j',k'i,k,i'} \xi_{i,j,k,i',j',k'}^t}{\sum_t \sum_{i,j} \gamma_{i,j,k}^t} \tag{6-21}$$

$$\bar{b}_{i,j,k}(D_t) = \frac{\sum_{t,D_t=v} \gamma_{i,j,k}^t}{\sum_t \gamma_{i,j,k}^t} \tag{6-22}$$

Baum 等[149]证明了 $P(D\mid\bar{\lambda}) > P(D\mid\lambda)$。因此，如果不断地重新估计 FHMM 参数，那么在多次迭代后可得到 FHMM 模型的一个最大似然估计。不过需要注意的是，Baum-Welch 算法所得的这一结果（最大似然估计）是一个局部最优解。

回顾 Baum-Welch 算法，估计 FHMM 参数 $\lambda = (A,\ B,\ \pi)$，以最大化 $P(D\mid\lambda)$，即 $\arg\max\limits_{\lambda} P(D\mid\lambda)$。其步骤为：

初始化参数 λ_0；

基于初始化参数 λ_0 和观测值 D 计算出前向概率 $\alpha_{i,j,k}^t$ 和后向概率 $\xi_{i,j,k,i',j',k'}^t$；

利用 $\alpha_{i,j,k}^t$ 和 $\xi_{i,j,k,i',j',k'}^t$，估计出以下期望频数：

从状态 i 转移到状态 j 的期望数量；

观测值 D_t 下，处于状态 i,j,k 的期望数量；

从状态 i',j',k' 开始的期望数量；

利用期望频数，估计出新的 λ ；

如果 $logP(D \mid \lambda) - logP(D \mid \lambda_0) < \Delta_A$ ，则迭代终止；

否则，$\lambda_0 = \lambda$ ，并返回到步骤（2）。

第五节 实验及结果

一、样区选取与干旱样本统计

拟对 Iowa 州 2002—2011 年 99 个县的旱情进行评估。选取 6 个样区进行干旱样本的统计，以估计模型的参数。这 6 个样区分别为 O'Brien 县（FIPS：141）、Montgonety 县（FIPS：137）、Dallas 县（FIPS：049）、Chickasaw 县（FIPS：037）、Jackson 县（FIPS：097）、Henry 县（FIPS：087）。这些样区的选取借鉴了 USDA/NASS 进行作物物候抽样调查的经验，它们近似均匀地在 Iowa 州版块上分布（图 6.4）。

以美国旱情监测网（DM）上发布的干旱信息为参考，统计这 6 个县自 2002—2001 年的旱情。DM 上公布的信息为数据平滑处理后的结果，对于某县可能存在多个干旱等级共存的状况。对于此种情况，采取四舍五入的统计方法，即统计占面积比重较大的干旱等级作为该地区该时刻的旱情。图 6.5（a）显示的是 DM 发布的 Jackson 县 2005 年 8 月 16 日的旱情，图 6.5（b）为 2005 年 8 月 23 日的发布结果。由图 6.5（a）可知，重旱和极旱共存，然而重旱相对极旱所占的面积比重要大，故统计时确定该地区此时刻的干旱等级为重旱。同理可知，在图 6.5（b）中，中旱、重旱和极旱共存，统计时以重旱为准。

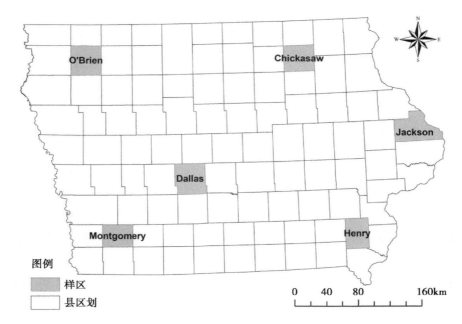

图 6.4　Iowa 州 6 个采样区的空间分布

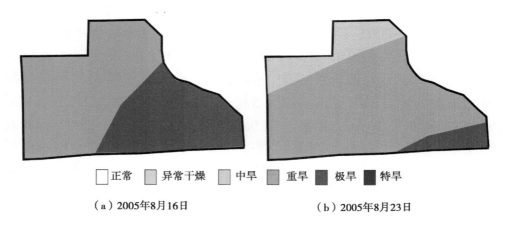

□正常　异常干燥　中旱　重旱　极旱　特旱

（a）2005年8月16日　　　　　（b）2005年8月23日

图 6.5　旱情统计准则

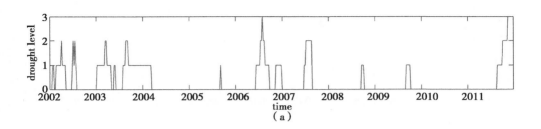

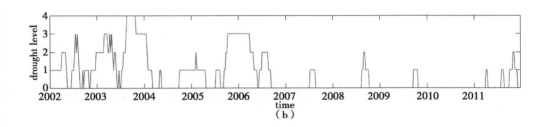

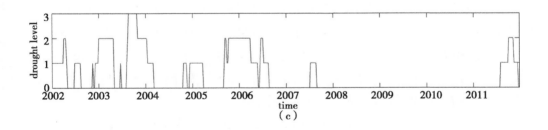

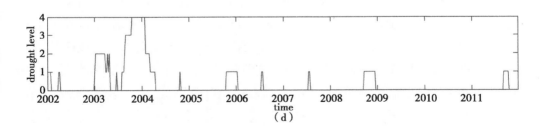

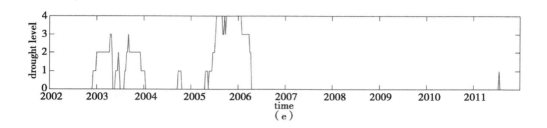

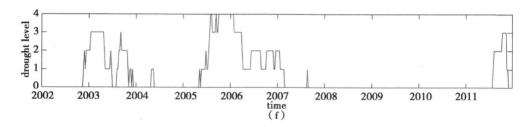

图 6.6 干旱采样统计

图 6.6 显示的是 6 个样区县在时间序列上的干旱等级统计结果（图 6.6（a）—（f）分别为 O'Brien、Montgonety、Dallas、Chickasaw、Jackson 和 Henry 县）。相比而言，Jackson 县（图 6.6（e））和 Henry 县（图 6.6（f））在 2005 年出现极旱的频次较高，这也佐证了 Iowa 州东南部在 2005 年发生极旱灾害的记录。

图 6.7 显示的是对全州和样区干旱等级的面积统计模型估计结果。全州（99 个县）的统计结果（图 6.7（a））和样区的统计结果（图 6.7（b））均显示 2005 年发生了较为严重的干旱。比对二者统计结果，发现二者趋势是一致的，尽管存在一定差异，比如：2003 年年初，全州的统计图上显示有小面积的极旱灾害，这在样区统计图上并没有显示；样区统计图稍显夸大了 2005 年的极旱灾害。尽管全州和样区的统计结果在细节上存在一定的差异，但这些差异在误差允许范围内。

二、实验结果与分析

因干旱成灾范围一般呈片状，且需考虑其空间分布和演变趋势，故以常规模型估计精度（比如 RMSE）评价模型的好坏并不适用。为此，本书主要从两方面评估实验结果：①对比时序上的各干旱等级面积百分比，即比较从 2002—2011 年每个时间节点上 DM 监测出的各干旱等级面积比重与结构推理估计结果；②通过典型干旱灾害事件（比如 2005 年发生在东南部的干旱），对比监测结果。

图 6.7 显示的是对 Iowa 整个州统计各干旱等级的面积比重，统计时间从 2002—2011 年。图 6.7（a）—（e）分别显示的是，DM 监测结果、样本统计结果（6 个采样区）、仅利用 SPI 指数的结果、仅利用 PA-VCI 指数的结果，以及利用结构推理融合的结果。由图可知，SPI 指数对旱情表现不足，比如对 2005 年的典型干旱灾害在统计图上体现不够突出；PA-VCI 指数却对旱情表现过重，这主要是 MODIS 时间序列长度的限制；而融合结果则结合了两者各个的优点，既监测出典型的干旱灾害，又削弱了 PA-VCI 指数对旱情表现过重的缺陷。

图 6.8~图 6.11 显示的是对 2005 年 8 月 Iowa 州旱情的制图。其中图 6.8~图 6.11 的（a）~（c）延续了上章的结果，（d）为融合后的监测结果。相比而已，融合结果对指示干旱的空间分布更为明确。分析图 6.8（a）~（d）结果，发现融合结果对 SPI 和 PA-VCI 指数的错分、漏分有一定程度的改善，旱情也集中在 Iowa 的东南部，这与典型干旱灾害的记录是相吻合的。图 6.9~图 6.10 对此结论同样有体现。尽管图 6.11（d）没有体现出严重的旱情，但相比其他地区，东南部的旱情明显严重，且更为集中，呈块状分布，这符合干旱成灾范围呈片状的特点。

尽管融合结果在一定程度上取得了相当好的成效，但仍有提升的空间。排除受样本的数量和质量的因素，以下几个方面可能提升旱情监测结果，即：①提高对原始数据预处理的能力，减少噪声的影响，提高 PA－VCI 指数与 SPI 指数的相关性；②改进模型参数估计模型，提升模型的鲁棒性。

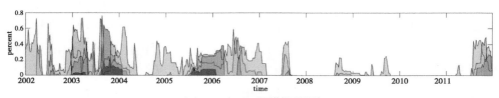

（a）Drought Monitor监测数据面积统计

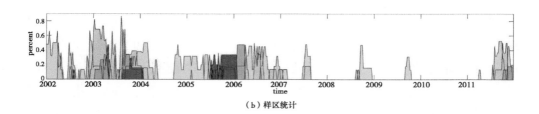

（b）样区统计

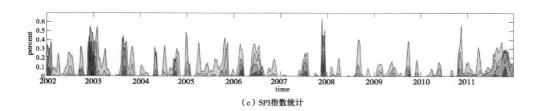

（c）SPI指数统计

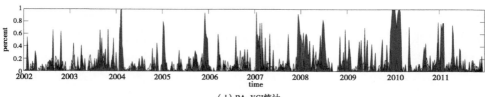

（d）PA－VCI统计

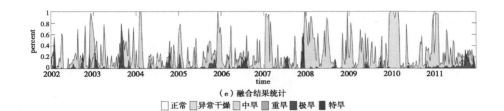

（e）融合结果统计

□正常　□异常干燥　□中旱　■重旱　■极旱　■特旱

图 6.7　旱情等级面积百分比统计

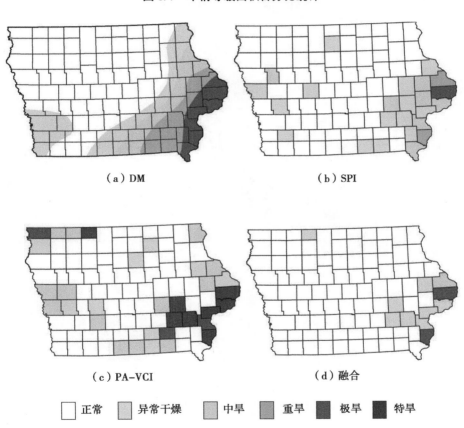

（a）DM　　　　　　　　　　　　　（b）SPI

（c）PA-VCI　　　　　　　　　　（d）融合

□正常　□异常干燥　□中旱　■重旱　■极旱　■特旱

图 6.8　2005 年 8 月 2 日的监测与估计结果

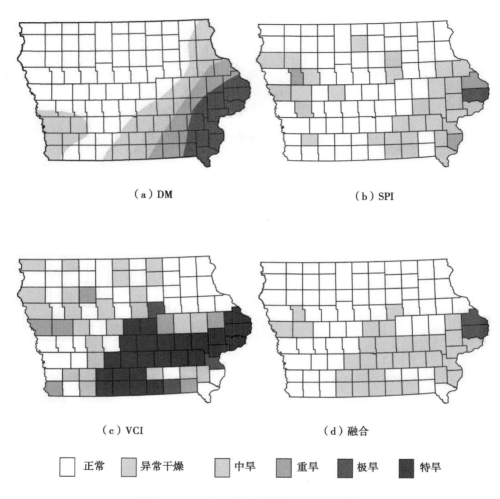

（a）DM   （b）SPI

（c）VCI   （d）融合

正常   异常干燥   中旱   重旱   极旱   特旱

图 6.9   2005 年 8 月 9 日的监测与估计结果

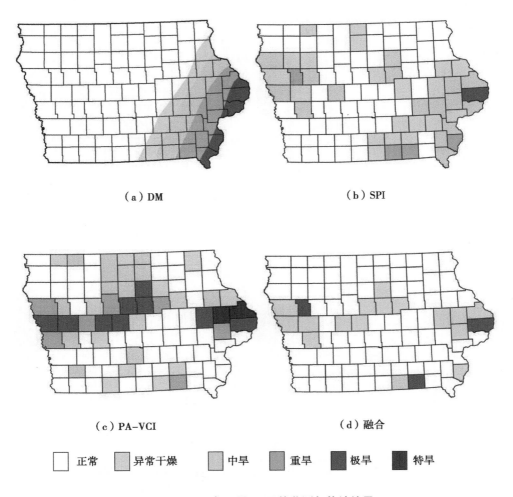

（a）DM

（b）SPI

（c）PA-VCI

（d）融合

□ 正常　■ 异常干燥　■ 中旱　■ 重旱　■ 极旱　■ 特旱

图 6.10　2005 年 8 月 16 日的监测与估计结果

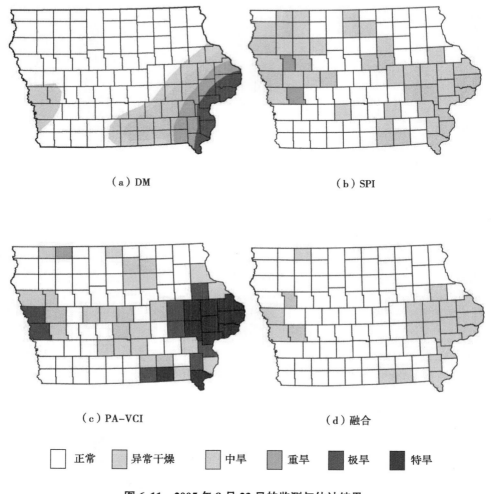

（a）DM

（b）SPI

（c）PA-VCI

（d）融合

□ 正常　▨ 异常干燥　▨ 中旱　▨ 重旱　▨ 极旱　■ 特旱

图 6.11　2005 年 8 月 23 日的监测与估计结果

本章小结

考虑到遥感信息和气象观测资料对玉米作物旱情监测中各自的优势。本章提出一种基于结构推理的多干旱指数融合方法，即融合从遥感信息中提取的 PA-VCI 指数和从气象观测降水数据中提取的 SPI 指数。针对结构推理融合方法的特点，先将指数的融合分解为 4 种模式，然后根据所构建的概率模型，估计当前时间节点所对应的融合模式，实现玉米作物旱情的监测。为了估计模型的参数，本章借鉴了 USDA/NASS 进行作物物候抽样调查的经验，近似均匀地在 Iowa 州版块上选取了 6 个县作为样本，构建模型。并从对比时序上的成灾面积和对比典型干旱灾害事件两方面评估了实验结果。结果显示，融合方法对 SPI 指数和 PA-VCI 指数的错分、漏分现象有一定程度的改善，监测出的旱情在空间布局上较为集中，与 DM 监测的吻合度相对较好。因此，本书方法可为玉米作物旱情监测提供辅助手段。

第七章 结论与展望

第一节 结 论

农业干旱因具有发生频率高、持续时间长和影响范围广等特点，已经成为世界性的重大自然灾害之一。为了提高玉米作物干旱监测的准确性和实时性，本书从源自遥感信息的植被状态指数（VCI）入手，分析了其用于玉米作物旱情监测存在的缺陷，如作物类型变更问题、时间基准问题等，针对性提出以县行政区划为最小基本单元，利用检测的作物物候信息修正 VCI 指数的方法，并提出了物候调节植被状态指数（PA-VCI）。考虑到遥感影像和气象观测资料都可能面临数据可靠性问题，本书提出采用 PA-VCI 指数和 SPI 指数相结合的方法进行玉米作物旱情监测方法。

本研究的主要工作包括以下几点。

1. 遥感影像不规则 ROI 的分维估计

由于常规分维估计算法无法直接用于遥感影像不规则 ROI 的分维估计，故本书在分形乘积原理的基础上，对盒维数的乘积等式进行了公式推导，提出了针对遥感影像不规则 ROI 的分维估计算法，即降维-差分计盒维数法（DR-DBC）。该算法可实现玉米作物 NDVI 影像分维的快速计算。

2. 分维与玉米作物物候关联性的建立

分维作为影像纹理粗糙度的一种表述，可反映作物发育过程中 NDVI 影像纹理的变化。本书分析了玉米作物生育过程中，遥感影像分维变化的规律，建立了遥感影像分维值与玉米作物物候的关联，并利用地面实测数据进行了验证。

3. 玉米作物物候信息的动态估计

考虑到作物物候与遥感光谱、影像纹理和地面气象温度资料等有着直接或间接关系的特点，利用从遥感影像中提取的 NDVI 均值和分维值、从气象观测数据中提取的有效积温作为数据输入，构建了基于多源特征的 HMM 模型，实现玉米作物各发育阶段百分比的动态估计，并与地面实测数据和传统逐像元方法进行了对比。

4. PA-VCI 指数的验证及与 SPI 指数关联性检验

利用时间序列统计学的原理，研究了 PA-VCI 指数与 SPI 指数的互相关性检验方法，并探讨两指数间的时间超前滞后关系。通过典型的干旱灾害事件，并结合 PA-VCI 指数与 SPI 的相关性，检验了 PA-VCI 指数的合理性与可行性，并探讨了指数融合的必要性。

5. PA-VCI 指数和 SPI 指数融合方法

考虑到干旱自身的复杂特性，以及不同干旱指数对不同时空尺度范围的适应性，考虑结合遥感信息和气象观测资料，构建相应的指数融合模式，进行 PA-VCI 指数与 SPI 指数融合处理，实现玉米作物旱情的动态监测。

本书可能的创新之处体现在以下 3 个方面。

（1）建立了分维时间序列与玉米作物物候的联系，并提出了针对遥感影像不规则 ROI 分维估计的降维-差分计盒维数法（DR-DBC）。

（2）针对 VCI 指数时间基准的缺陷，提出了物候调节植被状态指数（PA-VCI）。

（3）针对遥感影像和气象观测资料数据可靠性的问题，提出了基于结构推理的 PA-VCI 指数与 SPI 指数融合方法。

通过上述研究，有效地解决了特定作物（比如玉米作物）旱情监测问题；同时，也为作物物候检测引入了分形的思路，考虑建立作物不同物候期与遥感影像粗糙度的对应关系；另外，也为数据融合研究领域引入结构推理的方法，使其能朝着及时、准确、全面地获取特定农作物的旱情信息方向前进，为政府与农业生产部门指导农业生产、防灾减灾提供决策依据。

第二节　展　望

尽管本研究在作物物候检测和多干旱指数融合方面取得了一些研究进展，但仍有一些不足之处以及许多值得深入研究的问题，后续的研究还需要在以下几个方面进行改进和完善。

（1）本书利用分形原理实现了玉米作物物候的检测，但限于遥感影像本身的时空分辨率，目前只能从分维时间序列中检测出两个比较明显的峰值。采用更高时空分辨率的影像数据，有望提高作物物候检测的数量与质量。

（2）本书建立了分维与玉米作物物候之间的联系，发现了玉米作物 MODIS NDVI 影像在生育周期中存在双峰的现象。其他作物（比如大豆、小麦等）的分维是否存在同样的规律，需要进一步探讨和研究。

（3）本书构建的物候调节植被状态指数，仅是对时间基准的线性调节。研究 VCI 指数时间基准的非线性调节方法，可望提升旱情监测的准确性。Kucharik[150]认为由于播种期的提前，作物将获得更多有利的生长条件和生物量的积累。玉米作物的播种期至成熟期时间段，2005 年相对于 1981 年约延长了 12 天[97]，即生长周期的长度有可能发生变化。为此，需研究物候非线性调节的合理性与可靠性。

（4）目前 MODIS 数据时序有限，仅能提供 10 多年的有效数据。利用 MODIS 数据，计算出的 VCI 指数与气象干旱指数的关联性不强。为此，可考虑其他数据源计算 VCI 指数。

（5）目前试验区主要针对美国玉米种植区，后续研究可验证方法对中国河北玉米高产区、东北玉米种植带的适应性。同时，结合使用中国的 HJ 卫星影像数据，开展作物物候和干旱监测应用。

（6）可考虑改进观测值概率分布函数，直接利用未进行干旱等级划分的 PA-VCI 指数和 SPI 指数，实现基于结构推理的多干旱指数融合。

参考文献

[1] 孙丽.构建北京地区遥感旱情监测系统的研究［D］.北京：中国农业大学，2004.

[2] 王春乙，王石立，霍治国，等.近10年来中国主要农业气象灾害监测预警与评估技术研究进展［J］.气象学报，2005，63（5）：659-671.

[3] World Meteorological Organization. International Meteorological Vocabulary.2d ed.WMO No.182，WMO，1992.

[4] 路京选，曲伟，付俊娥.国内外干旱遥感监测技术发展动态综述［J］.中国水利水电科学研究院学报.2009，7（2）：265-271.

[5] Sasaoka K.，Chiba S.，Saino T.Climatic forcing and phytoplankton phenology over the subarctic North Pacific from 1998 to 2006，as observed from ocean color data.Geophysical Research Letters，2011，38（15）：L15609.

[6] 李雪.基于HJ数据的岩溶区干旱监测技术研究［D］.南京：南京信息工程大学，2012.

[7] Reed B.C.，Brown J.F.，VanderZee D.，et al.Measuring phenological variability from satellite imagery.Journal of Vegetation Science，1994，5（5）：703-714.

[8] 齐述华，王长耀，牛铮.利用温度植被旱情指数（TVDI）进行全国旱情监测研究［J］.遥感学报.2003，7（5）：420-427.

［9］ Zhang X., Friedl M. A., Schaaf C. B., et al. Monitoring vegetation phenology using MODIS. Remote Sensing of Environment. 2003, 84（3）: 471-475.

［10］ Wardlow B. D., Egbert S. L. A comparison of MODIS 250-m EVI and NDVI data for crop mapping in the U. S. Central Great Plains. International Journal of Remote Sensing. 2009.

［11］ 王瑜，孟令奎.基于 MODIS 的区域动态干旱监测方法 ［J］.测绘信息与工程.2010, 35（4）: 20-22.

［12］ Upadhyay G., Ray S. S., Panigrahy S. Derivation of Crop Phenological Parameters using Multi-Date SPOT-VGT-NDVI Data: A Case Study for Punjab. J. Indian Soc. Remote Sens. 2008, 36: 37-50.

［13］ 鹿琳琳，郭华东.基于 SPOT/VEGETATION 时间序列的冬小麦物候提取方法 ［J］.农业工程学报.2009, 25（6）: 174-179.

［14］ 陈世荣，孙灏，张宝军.环境减灾-1A、1B 卫星在干旱监测中的应用研究及实现 ［J］.航天器工程.2009, 18（6）: 138-141.

［15］ 周旋.环境减灾小卫星在安徽淮北区域干旱监测中的应用 ［D］.北京: 中国地质大学, 2010.

［16］ 张川.基于环境减灾卫星高光谱数据的我国北方农业干旱遥感监测技术研究 ［D］.北京: 中国地质大学, 2010.

［17］ Fensholt R., Rasmussen K., Nielsen T. T., et al. Evaluation of earth observation based long term vegetation trends intercomparing NDVI time series trend analysis consistency of sahel from AVHRR GIMMS, Terra MODIS and SPOT VGT data. Remote Sens. Environ. 2009, 113（9）: 1 886-1 898.

［18］ Toukiloglou P. Comparison of AVHRR, MODIS and VEGETA-

TION for land cover mapping and drought monitoring at 1 km spatial resolution. Ph. D. dissertation, Cranfield University, Bedford, United Kingdom, May 2007.

[19] Heim R. R. A review of twentieth-century drought indices used in the United States. Bull. Amer. Meteor. Soc. 2002, 83 (8): 1149-1165.

[20] Abbe C. Drought. Mon. Wea. Rev., 1894, 22: 323-324.

[21] Narasimhan B., Srinivasan R., Development and evaluation of soil moisture deficit index (SMDI) and evapotranspiration deficit index (ETDI) for agricultural drought monitoring. Agric. Forest Meteor. 2005, 133, 69-88.

[22] 邹旭恺, 张强, 王有民, 等.干旱指标研究进展及中美两国国家级干旱监测 [J].气象.2005, 31 (7): 6-9.

[23] 侯英雨, 何延波, 柳钦火, 等.干旱监测指数研究 [J]. 生态学杂志, 2007, 26 (6): 892-897.

[24] Palmer W. C. 1965. Meteorological drought. Research Paper 45. Washington, D. C.: U. S. Department of Commerce, Weather Bureau.

[25] Hayes M. J. Drought Indices, 1999, Available online: http://www.civil.utah.edu/ ~cv5450/swsi/indices.htm.

[26] Mu Q., Zhao M., Kimball J.S., McDowell N.G., Running S. W. A Remotely Sensed Global Terrestrial Drought Severity Index. Bulletin of the American Meteorological Society. 2012, 94 (1): 83-98.

[27] Wells N., Goddard S., Hayes M.J. A self-calibrating Palmer drought severity index.J.Climate.2004, 17: 2 335-2 351.

[28] Monteith J.L.Evaporation and environment.The State and Movement of Water in Living Organisms, G. E. Fogg, Ed.,

Symposia of the Society for Experimental Biology. Academic Press.1965, 19：205-234.

[29] Thornthwaite C.W.An approach toward a rational classification of climate.Geogr.Rev.1948, 38：55-94.

[30] Dai A.Characteristics and trends in various forms of the Palmer drought severity index during 1900-2008.J.Geophys.Res.2011, 116, D12115.

[31] Palmer W.C.Keeping track of crop moisture conditions, nationwide：The new crop moisture index.Weatherwise, 1968, 21：156-161.

[32] Shafer B.A., Dezman L.E.Development of surface water supply index (SWSI) to assess the severity of drought conditions in snow pack runoff areas.In Proc.50th Western Snow Conference. Reno, NV. Fort Collins, CO：Colorado State University Press, 1982, 164-175.

[33] McKee T.B., Doesken N.J., Kleist J.The relationship of drought frequency and duration to time scales.In Proc.8th Conference on Applied Climatology, 17-22 January, Anaheim, CA. Boston, MA：American Meteorological Society, 1993, 179-184.

[34] Wu, H., Hayes M.J., Wilhite D.A., et al.The effect of the length of record on the standardized precipitation index calculation. International Journal of Climatology. 2005, 25 (4)：505-520.

[35] Daily gridded SPI, High Plains Regional Climate Center and the National Drought Mitigation Center at the University of Nebraska-Lincoln, Available online：http：//www. hprcc. unl. edu/maps/current/index.php? action=update_ product&prod-

uct=SPIData（December 12, 2012）.

[36] 郭虎，王瑛，王芳.旱灾灾情监测中的遥感应用综述 [J].遥感技术与应用，2008，23 (1)：111-116.

[37] Watson K, Rowen L.C, Offield T.W.Application of thermal modeling in the geologic interpretation of IR images.Remote Sensing of Environment.1971, 3：2 017-2 041.

[38] Kahle A.B.A simple thermal model of the earth surface for geologic mapping by remote sensing.Journal of Geophysical Research.1977, 82：1 673-1 680.

[39] Rosema A., Bijleveld J.H., Reiniger P., et al.A combined surface temperature, soilmoisture and evaporation mapping approach.International Symposium on Remote Sensing of the Environment.Manilla, Philippines, 1978, 2 267-2 275.

[40] Jackson R.D., Idso S.B., Reginato R.J., et al.Canopy Temperature as a Crop Water Stress Indicator.Water Resources Research, 1981, 17：1 332-1 138.

[41] Moran M.S., Clarke T.R., Inoue Y.Estimating Corp Water Deficit Using the Relation between Surface－Air Temperature and Spectral Vegetation Index.Remote Sensing of Environment, 1994, 49 (3)：246-263.

[42] Tucker C.J..Red and photographic infrared linear combinations for monitoringvegetation.Remote Sensing of Environment.1979, 8 (2)：127-150.

[43] Huete A., Didan K., Miura T., et al.Overview of the radiometric and biophysical performance of the MODIS vegetation indices.Remote Sensing of Environment.2002, 83：195-213.

[44] Kogan F.N.Remote sensing of weather impacts on vegetation in non－homogeneous areas. Int. J. Remote Sensing, 1990, 11

（8）：1 405-1 419.

［45］ Kogan F.N.Application of vegetation index and brightness temperature for drought detection. Advance in Space Research，1995，15（11）：91-100.

［46］ McVicar T. R.，Jupp L. B. D. The current and potential operational uses of remote sensing to aid decisions on drought exceptional circumstances in Australia：a review. Agricultural Systems，1998，57（3）：399-468.

［47］ Sandholt I.，Rasmussen K.，Andersen J.A.simple interpretation of the surface temperature／vegetation index space for assessment of surface moisture status, Remote Sensing of Environment, 2002, 79（2-3）：213-224.

［48］ 陈维英，肖乾广，盛永伟.距平植被指数在 1992 年特大干旱监测中的应用 ［J］.遥感学报，1994，9（2）：106-112.

［49］ 刘小磊，覃志豪.NDWI 与 NDVI 指数在区域干旱监测中的比较分析：以 2003 年江西夏季干旱为例 ［J］.遥感技术与应用.2007，22（5）：608-612.

［50］ 冯强，田国良，柳钦火.全国干旱遥感监测运行系统的研制 ［J］.遥感学报.2003，7（1）：14-18.

［51］ Balint Z.，Mutua F.M.Drought Monitoring with the Combined Drought Index，FAO-SWALIM，Nairobi，Kenya，2011.

［52］ Sharma A. Spatial Data Mining for Drought Monitoring：An Approach Using temporal NDVI and Rainfall Relationship.International Institute For Geo－Information Science And Earth Observation Enschede，The Netherlands & Indian Institute Of Remote Sensing，National Remote Sensing Agency（NRSA），Department Of Space，Govt.Of India，Dehradun，India，2006.

［53］ CPC.Available online：http：//www.cpc.ncep.noaa.gov/products/predictions/tools/edb /Docs/Product _ Description _ Drought_ Blends.html（February12，2013）.

［54］ 张强，高歌.我国近50年旱涝灾害时窄变化及监测预警服务［J］.科技导报，2004，7：21-24.

［55］ Brown，J.F.，Wardlow B.D.，Tadesse T.，et al.Vegetation Drought Response Index （VegDRI）：A new integrated approach for monitoring drought stress in vegetation.GIScience & Remote Sensing，2008，45（1）：16-46.

［56］ U.S.Drought Monitor.Available online: http://droughtmonitor. unl.edu/（2/21/2013）.

［57］ Werick W.J.，Willeke G.E.，Guttman N.B.，et al.National drought atlas developed. Eos，Trans. Amer. Geophys. Union. 1994，75-89.

［58］ Diepen C.A.，Wolf J.，van Keulen H.WOFOST：A simulation model of crop production.Soil Use Manage.1989，5：16-24.

［59］ Stöckle C.O.，Donatelli M.，Nelson R.Cropsyst，a cropping systems simulation model.Eur.J.Agron.2003，18，289-307.

［60］ Jones J.W.，Tsuji G.Y.，Hoogenboom G.，et al.Decision Support System for Agrotechnology Transfer：DSSAT v3.In Understanding Options for Agricultural Production；Tsuji，G.Y.，Hoogenboom，G.，Thornton，P.，Eds.；Kluwer Academic Publishers：Boston，MA，USA，1998，157-177.

［61］ Saxton K.E.，Porterand M.A.，McMahon T.A.Climatic impacts on dryland winter wheat by daily soil water and crop stress simulations.Agr.For.Meteorol.1992，58：177-192.

［62］ Kroes J.G.，Dam J.C.V.，Groenendijk P.，et al.SWAP Version 3.2：Theory Description and User Manual；Alterra Report；Alterra：Wageningen，The Netherlands，2008.

［63］ 王宗明，张柏，宋开山，等.CropSyst 作物模型在松嫩平原典型黑土区的校正和验证［J］.农业工程学报，2005，21（5）：47-50.

［64］ Ren J., Chen Z., Zhou Q.Regional yield estimation for winter wheat with MODIS - NDVI data in Shandong, China. International Journal of Applied Earth Observation and Geoinformation, 2008, 10（4）：403-413.

［65］ de Beurs K. M., Henebry G. M. Spatio - temporal statistical methods for modelling land surface phenology, in Phenological Research：Methods for Environmental and Climate Change Analysis, I. L. Hudson and M. R. Keatley, Eds. New York：Springer-Verlag, 2010.

［66］ Karlsen S. R., Elvebakk A., Hogda K. A., et al. Satellite - based mapping of the growing season and bioclimatic zones in Fennoscandia. Global Ecology and Biogeography, 2006, 15（4）：416-430.

［67］ Karlsen S., Solheim I., Beck P.S.A., et al.Variability of the start of the growing season in Fennoscandia, 1982-2002.International Journal of Biometeorology.2007, 51（6）：513-524.

［68］ Piao S., Fang J., Zhou L., et al. Variations in satellite - derived phenology in China's temperate vegetation. Global Change Biology.2006, 12（4）：672-685.

［69］ White, M.A., Thornton, P.E. Running, S. W. A continental phenology model for monitoring vegetation responses to interannual climatic variability. GlobalBiogeochemical Cycle. 1997, 11：217-234.

［70］ Jönsson P., Eklundh L. Timesat - a program for analyzing time-series of satellite sensor data, Comput. Geosci., 2004,

30（8）：833-845.

[71] Sakamoto T., Yokozawa M., Toritani H., et al. A crop phenology detection method using time-series MODIS data. Remote Sensing of Environment, 2005, 96（3-4）：366-374.

[72] Wardlow B.D. Using USDA Crop Progress Data for the Evaluation of Greenup Onset Date Calculated from MODIS 250-Meter Data. Photogrammetric Engineering & Remote Sensing. 2006.

[73] Baltzer H., Gerard F., George C., et al. Coupling of vegetation growing season anomalies and fire activity with hemispheric and regional-scale climate patterns in Central and East Siberia. Journal of Climate. 2007, 20：3713-3729.

[74] Philippon N., Jarlan L., Martiny N., et al. Characterization of the Interannual and Intraseasonal Variability of West African Vegetation between 1982 and 2002 by Means of NOAA AVHRR NDVI Data. Journal of Climate. 2007, 20（7）：1 202-1 218.

[75] Moody A., Johnson D. M. Land-surface phenologies from AVHRR using the discrete Fourier transform. Remote Sens Environ. 2001, 75：305-323.

[76] Jönsson P., Eklundh L. Seasonality extraction and noise removal by function fitting to time-series of satellite sensor data, IEEE Trans. Geosci. Remot. Sen., 2002, 40(8)：1 824-1 832.

[77] Culbert P.D., Pidgeon A.M., Louis V.S., et al. The impact of phenological variation on texture measures of remotely sensed imagery. IEEE J. Sel. Top. Appl. Earth Observ. 2009, 2：299-309.

[78] Mandelbrot B.B. The Fractal Geometry of Nature. New York：W. H. Freeman and Co., 1982.

［79］ Pentland P.A.Fractal-based description of natural scenes.IEEE Trans. Pattern Anal. Mach. Intell. 1984, PAMI - 6 （6）: 661-674.

［80］ Lam N.S.N., Cola L.D. Fractals in Geography. Englewood Cliffs, NJ: Prentice Hall, 1993.

［81］ Oczeretko E., Borowska M., Szarmach I., et al.Fractal analysis of dental radiographic images in the irregular regions of interest in information technologies in biomedicine.in Information Technologies in Biomedicine, E. Pietka and J. Kawa, Eds. Heidelberg, Berlin: Springer-Verlag, 2010, 191-199.

［82］ 杨彦从.分形理论在视频监控影像编码与处理中的应用研究 ［D］. 北京: 中国矿业大学, 2010.

［83］ Oczeretko E., Borowska M., Kitlas A., et al.Fractal Analysis of Medical Images in the Irregular Regions of Interest.In: 8th IEEE International Conference on Bioinformatics and BioEngineering, 2008.

［84］ Quevedo R., Carlos L.G., Aguilera J.M., et al.Description of food surfaces and microstructural changes using fractal image texture analysis.Journal of Food Engineering.2002, 53 （4）: 361-371.

［85］ Falconer K.Fractal Geometry: Mathematical Foundations and Applications, 2nd ed.New York: Wiley, 2003.

［86］ Klinkenberg, B. A review of methods used to determine the fractal dimension of linear features. Mathematical Geology, 1994, 26 （1）: 23-46.

［87］ Tricot C.Two definitions of fractional dimension. Math. Proc. Camb.Phil.Soc.1982, 91 （1）: 57-74.

［88］ Besicovitchand A., Moran P.The measure of product and cylinder sets, London Math Soc., 1945, s1-20 (2): 110-120.

[89] Eggleston H.G.A correction to a paper on the dimension of cartesian product sets, Math.Proc.Camb.Phil.Soc., 1953, 49: 437-440.

[90] Marstrand J.M.The dimension of Cartesian product sets, Math. Proc.Camb.Phil.Soc., 1954, 50: 198-202.

[91] Sarkar N., Chaudhuri B.B.An efficient approach to estimate fractal dimension of textural images. Pattern Recognition, 1992, 25 (9): 1 035-1 041.

[92] Chaudhuri B.B., Sarkar N.Texture segmentation using fractal dimension.IEEE Transactions on Pattern Analysis and Machine Intelligence, 1995, 17 (1): 72-77.

[93] USDA-NASS: National Crop Progress Terms and Definitions.Available online: http://www.nass.usda.gov/Publications/NationalCropProgress/TermsandDefinitions/index.asp (accessed on 18 November 2012).

[94] Peitgen H.O., Jurgens H., Saupe D.Chaos and Fractals New Frontiers of Science, Springer, New York, 1992.

[95] Eklundh L., Jönsson P.Timesat 3.1 software manual, Lund University, Sweden, Tech.Rep., 2011.

[96] Heij C., de Boer P., Franses P.H., et al. Econometric Methods with Applications in Business and Economics, New York: Oxford University Press Inc., 2004.

[97] Sacks W., Kucharik C.Crop management and phenology trends in the US Corn Belt: Impacts on yields, evapotranspiration and energy balance.Agricultural and Forest Meteorology.2011, 151 (7): 882-894.

[98] Haralick R.M., Shanmugam K., Dinstein I.Textural features

for image classification. IEEE Trans. Syst. Man Cybern. 1973, SMC-3 (6): 610-621.

[99] Cosine Similarity. http://en. wikipedia. org/wiki/Cosine similarity.

[100] Elliott R.J., Siu, T.K. An HMM approach for optimal investment of an insurer. Int. J. Robust Nonlinear Contr. 2012, 22: 778-807.

[101] Jaakkola T. S. Machine Learning, lecture notes 19: Hidden Markov Models (HMMs). 2006. Available online: http://ocw. mit. edu /courses/electrical-engineering-and-computer-science/6-867-machine-learning-fall-2006/lecture-notes/lec19. pdf.

[102] Rabiner L.R. A tutorial on hidden Markov models and selected applications in speech recognition. Proc. IEEE. 1989, 77: 257-286.

[103] Krogh A., Brown M., Mian I.S., et al. Hidden Markov models in computational biology: Applications to protein modeling. J. Mol. Biol. 1994, 235: 1 501-1 531.

[104] Aurdal L., Bang H.R., Eikvil L., et al. Vikhamar D., Solberg A. Hidden Markov models applied to vegetation dynamics analysis using satellite remote sensing. International Workshop on the Analysis of Multi-Temporal Remote Sensing Images. Biloxi, Mississippi, 2005: 220-224.

[105] Leite P., Feitosa R., Formaggio A., et al. Sanches I. Hidden Markov models for crop recognition in remote sensing image sequences. Pattern Recognition Lett. 2011, 32: 19-26.

[106] Viovy N., Saint G. Hidden Markov models applied to vegetation dynamics analysis using satellite remote sensing. IEEE Trans.

Geosci.Remot.Sen.1994, 32: 906-917.

[107] Srihari S.N.Machine learning and probabilistic graphical models course: Hidden Markov models. 2011. Available online: http://www.cedar.buffalo.edu/srihari/CSE574/ index.html.

[108] Holben B.N.Characteristics of maximum-value composite images from temporal AVHRR data.Int.J.Remote Sens.1986, 7: 1 417-1 434.

[109] Shen Y., Di L., Yu G., et al.Correlation between corn progress stages and fractal dimension from MODIS-NDVI time series.IEEE Geosci.Remote Sens.Lett.2013, 10 (5).

[110] Wiebold B.Growing degree days and corn maturity.University of Missouri, Tech.Rep.2011.

[111] Thiessen A. H. Precipitation averages for large areas. Mon. Weather Rev.1911, 39: 1 082-1 089.

[112] Knab B., Schliep A., Steckemetz B., et al.Model-based clustering withhidden Markov models and its application to financial time-series data.In Between Data Science and Applied Data Analysis; M. Schader, W. Gaul, M. Vichi, Eds.; Springer, 2003: 561-569.

[113] Seifert M., Strickert M., Schliep A., et al.Exploiting prior knowledge and gene distances in the analysis of tumor expression profiles with extended Hidden Markov Models.Bioinformatics.2011, 27: 1 645-1 652.

[114] Dempster A.P., Laird N.M., Rubin D.B.Maximum likelihood from incomplete data via the EM algorithm.J.Roy.Stat.Soc.B. 1977, 39: 1-38.

[115] Yu G., Di L., Yang Z., et al.Corn Growth Stage Estimation Using Time Series Vegetation Index. In Proceedings of 2012

First International Conference on Agro-Geoinformatics (Agro-Geoinformatics), Shanghai, China, 2 - 4 August 2012: 1-6.

[116] Sakamoto T., Wardlow B.D., Gitelson A.A.Detecting spatio-temporal changes of corn developmental stages in the U.S.Corn Belt using MODIS WDRVI data.IEEE Trans. Geosci. Remote Sens.2011, 49: 1 926-1 936.

[117] Lee L.High-order hidden Markov model and application to continuous mandarin digit recognition. J. Inf. Sci. Eng. 2011, 27: 1 919-1 930.

[118] Mari J.F., Haton J.P., Kriouile A.Automatic word recognition based on second-order hidden Markov models. IEEE Trans. Speech Audio Proc.1997, 5: 22-25.

[119] Seifert M.,Cortijo S., Colomé-Tatché M., et al.Colot V.MeDIP-HMM: Genome-wide identification of distinct DNA methylation states from high-density tiling arrays.Bioinformatics.2012.

[120] Seifert M., Gohr A., Strickert M., Grosse I.Parsimonious higher-order hidden Markov models for improved array-CGH analysis with applications to Arabidopsis thaliana.PLoS Comp. Biol.2012, 8: 1-15.

[121] Derrode S., Carincotte C., Bourennane S.Unsupervised Image Segmentation Based on High-Order Hidden MARKOV Chains. In Proceedings of IEEE International Conference on Acoustics, Speech, and Signal Processing (ICASSP), Marseille, France, 17-21 May 2004: 769-772.

[122] Liu W.T., Kogan.F.N.Monitoring regional drought using the vegetation condition index. Int. J. of Remote Sensing, 1996, 16: 1 327-1 340.

［123］ 冷松，武建军，周磊.利用多波段遥感干旱监测方法研究
［J］.干旱区资源与环境.2013，27（2）：102-107.

［124］ Bussay A.，Szinell C.，Szentimery T.Investigation and meas-
urements of droughts in Hungary. Hungarian Meteorological
Service.Budapest，1999.

［125］ SPI Tool. http：//drought. unl. edu/MonitoringTools/Down-
loadableSPIProgram.aspx.

［126］ Mitasova H.，Mitas L.Interpolation by Regularized Spline with
Tension.Mathematical Geology，1993，25：641-655.

［127］ Quiring S.M.，Ganesh S.Evaluating the utility of the Vegetation
Condition Index（VCI）for monitoring meteorological drought
in Texas. Agricultural and Forest Meteorology, 2010, 150(3)：
330-339.

［128］ Bhuiyan C.，Singh R.P.，Kogan F.N.Monitoring drought dy-
namics in the Aravalli region（India）using different indices
based on ground and remote sensing data.International Journal
of Applied Earth Observation and Geoinformation. 2006，8：
289-302.

［129］ 陈才，王振亚，程媛华，等.北方半干旱区的 PDSI 和 SPI
比较研究［J］.安徽农业科学.2012，40（5）：2778-2780.

［130］ 闫娜娜.基于遥感指数的旱情监测方法研究［D］.北京：
中国科学院研究生院（遥感应用研究所），2005.

［131］ NCDC SPI. http：//www. ncdc. noaa. gov/paleo/drought/
drght_ spi.html.

［132］ Persendt F.Drought Risk Assessment using RS & GIS：A case
study of the Oshikoto region of Namibia.Department of Geogra-
phy and Environmental Studies University of Namibia.Presen-
tation of applied-geoinformatics，2009.

[133] Svoboda M., LeComte D., Hayes M., et al.The drought monitor.Bulletin of the American Meteorological Society. 2002, 83 (8): 1 181-1 190.

[134] Willeke G., Hosking J. R. M., Wallis J. R., et al. The National Drought Atlas.Institute for Water Resources Rep.94-NDS-4, U.S.Army Corps of Engineers, 1994.

[135] Karnieli A., Bayasgalan M., Bayarjargal Y., et al.Comments on the use of the Vegetation Health Index over Mongolia.International Journal of Remote Sensing.2006, 27(10) : 2 017-2 024.

[136] Ji L.Modeling relationships between a satellite-derived vegetation index and precipitation in the northern Great Plains.PhD Thesis. The University of Nebraska - Lincoln. Nebraska, United States, 2003.

[137] Duttaa D., Kundub A., Patel N. R. Predicting agricultural drought in eastern Rajasthan of India using NDVI and standardized precipitation index.Geocarto International.2012: 1-18.

[138] Di L., Rundquist D.C., Han L.Modelling relationships between NDVI and precipitation during vegeteation growth cycle. International Journal of Remote Sensing, 1994, 15: 2 121-2 136.

[139] Yang W., Yang L., Merchant J.W.A assessment of AVHRR/NDVI ecoclimatological relations in Nebraska, U.S.A..International Journal of Remote Sensing, 1997, 18: 2 161-2 180.

[140] Drought in the United States.http: //en. wikipedia. org/wiki/Drought_ in_ the_ United States. (3/29/2013).

[141] Shams L., Beierholm U. R. Causal inference in perception. Trends in Cognitive Sciences.2010, 14 (9): 425-432.

[142] Körding K.P., Beierholm U., Ma W., et al.Causal Inference

in Multisensory Perception.PLoS ONE.2007，2（9）：e943.

［143］ Hospedales T. M., Cartwright J. J., Vijayakumar S. Structure inference for Bayesian multisensory perception and tracking.in Proc.International Joint Conference on Artificial Intelligence, Hyderabad, India, Jan.2007：2 122-2 128.

［144］ Hospedales T. M., S. Vijayakumar. Structure inference for Bayesian multisensory scene understanding. IEEE Trans. Patt. Anal.Mach.Int.2008, 30（12）：1-18.

［145］ Hospedales T.M.Bayesian multisensory perception, Ph.D.dissertation, Univ. of Edinburgh, Edinburgh, Scotland, Jun. 2008.［Online］. Available：http：//www.eecs.qmul.ac.uk/tmh.

［146］ Kim C., Suh M. S., Hong K. O. Bayesian Changepoint Analysis of the Annual Maximum of Daily and Subdaily Precipitation over South Korea. Journal of Climate. 2009，22（24）：6 741-6 757.

［147］ 柳长昕，王锋，刘传海，等.基于 FHMM 模型的离心泵故障诊断方法研究 ［J］.水电能源科学.2008，26（5）：156：159.

［148］ 陈昌红.动态影像序列建模与分类及其在人体运动分析中的应用 ［D］.西安：西安电子科技大学，2009.

［149］ Baum L. E., Petrie T., Soules G., et al. A maximization technique occurring in the statistical analysis of probabilistic functions of Markov chains. Ann. Math. Stat. 1970，41（1）：164-171.

［150］ Kucharik C. J. Contribution of Planting Date Trends to Increased Maize Yields in the Central United States.Agron.J. 2008,100(2)：328-336.

附录 I 表格

表 A Iowa, Illinois 和 Nebraska 州气象观测站

No.	ID	州	站点	纬度°N	经°W	高程 m	No.	ID	州	站点	纬度°N	经°W	高程 m
1	130112	IA	ALBIA 3 NNE	41.1	92.8	268	14	134735	IA	LE MARS	42.8	96.2	364
2	130133	IA	ALGONA 3 W	43.1	94.3	378	15	134894	IA	LOGAN	41.6	95.8	302
3	130600	IA	BELLE PLAINE	41.9	92.3	247	16	135769	IA	MT AYR	40.7	94.2	360
4	131402	IA	CHARLES CITY	43.1	92.7	309	17	135796	IA	MT PLEASANT 1 SSW	41	91.6	223
5	131533	IA	CLARINDA	40.7	95	299	18	135952	IA	NEW HAMPTON	43.1	92.3	350
6	131635	IA	CLINTON #1	41.8	90.3	178	19	137147	IA	ROCK RAPIDS	43.4	96.2	412
7	132724	IA	ESTHERVILLE 2 N	43.4	94.8	397	20	137161	IA	ROCKWELL CITY	42.4	94.6	364
8	132789	IA	FAIRFIELD	41	92	226	21	137979	IA	STORM LAKE 2 E	42.6	95.2	434
9	132864	IA	FAYETTE	42.9	91.8	344	22	138296	IA	TOLEDO 3N	42	92.6	289
10	132977	IA	FOREST CITY 2 NNE	43.3	93.6	396	23	138688	IA	WASHINGTON	41.3	91.7	210
11	132999	IA	FORT DODGE 5NNW	42.6	94.2	348	24	110072	IL	ALEDO	41.2	90.8	220
12	134063	IA	INDIANOLA 2W	41.4	93.7	287	25	110187	IL	ANNA 2 NNE	37.5	89.2	195
13	134142	IA	IOWA FALLS	42.5	93.3	344	26	110338	IL	AURORA	41.8	88.3	201

（续表）

No.	ID	州	站点	纬度°N	经°W	高程 m	No.	ID	州	站点	纬度°N	经°W	高程 m
27	111280	IL	CARLINVILLE	39.3	89.9	189	46	116526	IL	OTTAWA 5SW	41.3	88.9	160
28	111436	IL	CHARLESTON	39.5	88.2	198	47	116558	IL	PALESTINE	39	87.6	140
29	112140	IL	DANVILLE	40.1	87.7	170	48	116579	IL	PANA 3E	39.4	89.02	213.4
30	112193	IL	DECATUR WTP	39.8	89	189	49	116610	IL	PARIS WTR WKS	39.6	87.69	207.3
31	112483	IL	DU QUOIN 4 SE	38	89.2	128	50	116910	IL	PONTIAC	40.9	88.64	198.1
32	113335	IL	GALVA	41.2	90	247	51	117551	IL	RUSHVILLE	40.1	90.56	201.2
33	113879	IL	HARRISBURG	37.7	88.5	111	52	118147	IL	SPARTA 1 W	38.1	89.72	163.1
34	114108	IL	HILLSBORO	39.2	89.5	192	53	118740	IL	URBANA	40.1	88.24	219.8
35	114198	IL	HOOPESTON 1 NE	40.5	87.7	216	54	118916	IL	WALNUT	41.6	89.6	210.3
36	114442	IL	JACKSONVILLE 2E	39.7	90.2	186	55	119241	IL	WHITE HALL 1 E	39.4	90.38	176.8
37	114823	IL	LA HARPE	40.6	91	210	56	119354	IL	WINDSOR	39.4	88.6	210.3
38	115079	IL	LINCOLN	40.2	89.3	178	57	250130	NE	ALLIANCE 1WNW	42.1	102.9	1 217
39	115326	IL	MARENGO	42.3	88.7	248	58	250375	NE	ASHLAND NO 2	41	96.38	326.1
40	115712	IL	MINONK	40.9	89	229	59	250435	NE	AUBURN 5 ESE	40.4	95.75	283.5
41	115768	IL	MONMOUTH	40.9	90.6	227	60	250640	NE	BEAVER CITY	40.1	99.83	658.4
42	115833	IL	MORRISON	41.8	90	184	61	251145	NE	BRIDGEPORT	41.7	103.1	1 117
43	115901	IL	MT CARROLL	42.1	90	195	62	251200	NE	BROKEN BOW 2 W	41.4	99.68	762
44	115943	IL	MT VERNON 3 NE	38.4	88.9	149	63	252020	NE	CRETE	40.6	96.95	437.4
45	116446	IL	OLNEY 2S	38.7	88.1	146	64	252100	NE	CURTIS 3NNE	40.7	100.5	829.4

（续表）

No.	ID	州	站点	纬度°N	经°W	高程 m	No.	ID	州	站点	纬度°N	经°W	高程 m
65	252205	NE	DAVID CITY	41.3	97.13	490.7	80	255080	NE	MADISON	41.8	97.45	481.6
66	252820	NE	FAIRBURY 5S	40.1	97.17	411.5	81	255310	NE	MC COOK	40.2	100.6	796.1
67	252840	NE	FAIRMONT	40.6	97.59	499.9	82	255470	NE	MERRIMAN	42.9	101.7	986
68	253175	NE	GENEVA	40.5	97.6	496.8	83	255565	NE	MINDEN	40.5	98.95	658.4
69	253185	NE	GENOA 2 W	41.5	97.76	484.6	84	256135	NE	OAKDALE	42.1	97.97	521.2
70	253365	NE	GOTHENBURG	40.9	100.2	787.9	85	256570	NE	PAWNEE CITY	40.1	96.16	378
71	253615	NE	HARRISON	42.7	103.9	1 478	86	256970	NE	PURDUM	42.1	100.3	819.9
72	253630	NE	HARTINGTON	42.6	97.26	417.6	87	257070	NE	RED CLOUD	40.1	98.52	524.3
73	253660	NE	HASTINGS 4N	40.7	98.38	591.3	88	257515	NE	SAINT PAUL 4N	41.3	98.47	541
74	253735	NE	HEBRON	40.2	97.59	451.1	89	257715	NE	SEWARD	40.9	97.09	438.9
75	253910	NE	HOLDREGE	40.5	99.38	707.1	90	258395	NE	SYRACUSE	40.7	96.19	335.3
76	254110	NE	IMPERIAL	40.5	101.7	999.7	91	258465	NE	TECUMSEH 1S	40.4	96.19	338.3
77	254440	NE	KIMBALL 2NE	41.3	103.6	1 435	92	258480	NE	TEKAMAH	41.8	96.23	338.3
78	254900	NE	LODGEPOLE	41.2	102.6	1 168	93	258915	NE	WAKEFIELD	42.3	96.86	423.7
79	254985	NE	LOUP CITY	41.3	98.97	627.3							

表 B　Iowa 州县 FIPS 编码

No.	县名	FIPS	No.	县名	FIPS	No.	县名	FIPS	No.	县名	FIPS
1	ADAIR	1	26	DAVIS	51	51	JEFFERSON	101	76	POCAHONTAS	151
2	ADAMS	3	27	DECATUR	53	52	JOHNSON	103	77	POLK	153
3	ALLAMAKEE	5	28	DELAWARE	55	53	JONES	105	78	POTTAWATTAMIE	155
4	APPANOOSE	7	29	DES MOINES	57	54	KEOKUK	107	79	POWESHIEK	157
5	AUDUBON	9	30	DICKINSON	59	55	KOSSUTH	109	80	RINGGOLD	159
6	BENTON	11	31	DUBUQUE	61	56	LEE	111	81	SAC	161
7	BLACK HAWK	13	32	EMMET	63	57	LINN	113	82	SCOTT	163
8	BOONE	15	33	FAYETTE	65	58	LOUISA	115	83	SHELBY	165
9	BREMER	17	34	FLOYD	67	59	LUCAS	117	84	SIOUX	167
10	BUCHANAN	19	35	FRANKLIN	69	60	LYON	119	85	STORY	169
11	BUENA VISTA	21	36	FREMONT	71	61	MADISON	121	86	TAMA	171
12	BUTLER	23	37	GREENE	73	62	MAHASKA	123	87	TAYLOR	173
13	CALHOUN	25	38	GRUNDY	75	63	MARION	125	88	UNION	175
14	CARROLL	27	39	GUTHRIE	77	64	MARSHALL	127	89	VAN BUREN	177
15	CASS	29	40	HAMILTON	79	65	MILLS	129	90	WAPELLO	179
16	CEDAR	31	41	HANCOCK	81	66	MITCHELL	131	91	WARREN	181
17	CERRO GORDO	33	42	HARDIN	83	67	MONONA	133	92	WASHINGTON	183
18	CHEROKEE	35	43	HARRISON	85	68	MONROE	135	93	WAYNE	185
19	CHICKASAW	37	44	HENRY	87	69	MONTGOMERY	137	94	WEBSTER	187
20	CLARKE	39	45	HOWARD	89	70	MUSCATINE	139	95	WINNEBAGO	189
21	CLAY	41	46	HUMBOLDT	91	71	O'BRIEN	141	96	WINNESHIEK	191
22	CLAYTON	43	47	IDA	93	72	OSCEOLA	143	97	WOODBURY	193
23	CLINTON	45	48	IOWA	95	73	PAGE	145	98	WORTH	195
24	CRAWFORD	47	49	JACKSON	97	74	PALO ALTO	147	99	WRIGHT	197
25	DALLAS	49	50	JASPER	99	75	PLYMOUTH	149			

表 C Iowa 州密集气象观测站

No.	ID	站点	纬度°N	经°W	高程 m	No.	ID	站点	纬度°N	经°W	高程 m
1	130021	ACKWORTH 2 SW	41.33	93.48	235	24	131319	CEDAR RAPIDS NO 1	42.03	91.58	259
2	130112	ALBIA 3 NNE	41.07	92.78	268	25	131354	CENTERVILLE	40.73	92.87	299
3	130133	ALGONA 3 W	43.07	94.3	375	26	131394	CHARITON 1 E	41	93.28	287
4	130157	ALLISON	42.75	92.78	320	27	131402	CHARLES CITY	43.05	92.67	309
5	130181	ALTON	42.98	96.02	413	28	131442	CHEROKEE	42.75	95.53	360
6	130200	AMES 8 WSW	42.02	93.77	335	29	131533	CLARINDA	40.73	95.03	320
7	130213	ANAMOSA 1 WNW	42.12	91.3	245	30	131541	CLARION	42.73	93.73	360
8	130241	ANKENY	41.73	93.57	287	31	131635	CLINTON 1	41.8	90.27	178
9	130364	ATLANTIC 1 NE	41.42	95	366	32	131710	COLO	42.02	93.32	305
10	130385	AUDUBON 1 SSE	41.7	94.92	393	33	131731	COLUMBUS JUNCT 2 SSW	41.25	91.37	204
11	130536	BEACONSFIELD	40.82	94.07	366	34	131833	CORNING	41	94.75	370
12	130576	BEDFORD 1 NNW	40.68	94.72	351	35	131954	CRESCO 1 NE	43.38	92.1	383
13	130600	BELLE PLAINE 3 S	41.9	92.27	247	36	131962	CRESTON 2 SW	41.03	94.4	402
14	130608	BELLEVUE LOCK & DAM	42.27	90.42	184	37	132110	DECORAH	43.3	91.8	262
15	130753	BLOOMFIELD 1 WNW	40.75	92.43	247	38	132171	DENISON	42.03	95.33	427
16	130807	BOONE	42.05	93.88	320	39	132203	DES MOINES WSFO ARPT	41.53	93.65	292
17	130923	BRITT	43.1	93.8	369	40	132364	DUBUQUE LOCK & DAM 1	42.53	90.65	189
18	131060	BURLINGTON RADIO KBU	40.82	91.17	214	41	132367	DUBUQUE WSO AP	42.4	90.7	322
19	131063	BURLINGTON AIRPORT	40.78	91.12	211	42	132573	ELDORA	42.37	93.1	349
20	131233	CARROLL	42.07	94.85	378	43	132603	ELKADER 5 SSW	42.78	91.43	247
21	131257	CASCADE	42.3	91.02	259	44	132689	EMMETSBURG	43.1	94.68	378
22	131277	CASTANA EXPERIMENT F	42.07	95.82	442	45	132724	ESTHERVILLE 2 N	43.42	94.83	397
23	131314	CEDAR RAPIDS AP	41.88	91.7	256	46	132789	FAIRFIELD	41.03	91.95	226

（续表）

No.	ID	站点	纬度°N	经°W	高程 m	No.	ID	站点	纬度°N	经°W	高程 m
47	132864	FAYETTE	42.85	91.8	320	70	134381	KEOKUK LOCK DAM 19	40.4	91.37	161
48	132977	FOREST CITY 2 NNE	43.28	93.63	396	71	134389	KEOSAUQUA	40.73	91.97	191
49	132999	FORT DODGE	42.5	94.2	340	72	134502	KNOXVILLE	41.33	93.12	280
50	133007	FORT MADISON	40.62	91.33	162	73	134561	LAKE PARK	43.45	95.32	447
51	133290	GLENWOOD 3 SW	41	95.77	299	74	134585	LAMONI	40.62	93.95	344
52	133438	GREENFIELD	41.3	94.47	408	75	134705	LE CLAIRE L & D 14	41.58	90.42	176
53	133473	GRINNELL 3 SW	41.72	92.73	276	76	134735	LE MARS	42.78	96.17	364
54	133487	GRUNDY CENTER	42.37	92.78	311	77	134758	LEON 6 ESE	40.73	93.63	305
55	133509	GUTHRIE CENTER	41.68	94.52	328	78	134894	LOGAN	41.63	95.78	302
56	133517	GUTTENBERG L & D 10	42.78	91.1	190	79	135086	MANCHESTER #2	42.47	91.45	302
57	133584	HAMPTON	42.75	93.2	374	80	135123	MAPLETON NO 2	42.17	95.78	363
58	133589	HANCOCK	41.38	95.37	341	81	135131	MAQUOKETA 3 S	42.02	90.65	207
59	133623	HARCOURT	42.35	94.2	329	82	135198	MARSHALLTOWN	42.07	92.93	265
60	133632	HARLAN	41.63	95.32	354	83	135230	MASON CITY	43.15	93.2	344
61	133718	HAWARDEN	43	96.48	363	84	135235	MASON CITY AP	43.15	93.33	364
62	133900	HOLLY SPRINGS 1 S	42.27	96.08	323	85	135414	MERRILL	42.72	96.23	366
63	133980	HUMBOLDT WATER PLANT	42.72	94.22	328	86	135493	MILFORD 4 NW	43.37	95.17	427
64	134038	IDA GROVE 5 NW	42.4	95.52	402	87	135769	MOUNT AYR 4 SW	40.68	94.3	378
65	134049	INDEPENDENCE 5 ENE	42.48	91.82	313	88	135837	MUSCATINE	41.4	91.07	167
66	134063	INDIANOLA	41.37	93.55	287	89	135952	NEW HAMPTON	43.05	92.32	354
67	134101	IOWA CITY	41.65	91.53	195	90	135992	NEWTON	41.7	93.05	287
68	134142	IOWA FALLS	42.52	93.25	344	91	136103	NORTHWOOD	43.45	93.22	369
69	134228	JEFFERSON	42.02	94.38	320	92	136151	OAKLAND 2 SW	41.3	95.42	332

（续表）

No.	ID	站点	纬度°N	经°W	高程 m
93	136200	OELWEIN 2 S	42.65	91.92	308
94	136243	ONAWA	42.02	96.1	323
95	136305	OSAGE	43.28	92.8	357
96	136316	OSCEOLA	41.03	93.75	338
97	136327	OSKALOOSA	41.32	92.65	253
98	136389	OTTUMWA AIRPORT	41.1	92.45	257
99	136566	PERRY	41.85	94.12	294
100	136570	PERRY 1 W	41.83	94.12	288
101	136719	POCAHONTAS	42.7	94.67	381
102	136800	PRIMGHAR	43.08	95.63	463
103	136910	RATHBUN DAM	40.82	92.9	294
104	136940	RED OAK	41	95.23	317
105	137058	RINGSTED	43.28	94.5	372
106	137147	ROCK RAPIDS	43.43	96.17	411
107	137161	ROCKWELL CITY	42.4	94.62	369
108	137312	SAC CITY	42.43	95	366
109	137386	SANBORN	43.18	95.68	473
110	137594	SHELDON	43.18	95.85	433
111	137602	SHELL ROCK 2 W	42.7	92.57	274
112	137613	SHENANDOAH	40.75	95.37	308
113	137664	SIBLEY 5 NNE	43.45	95.72	509
114	137669	SIDNEY	40.75	95.65	344
115	137678	SIGOURNEY	41.33	92.2	244
116	137700	SIOUX CENTER 2 SE	43.05	96.15	415
117	137708	SIOUX CITY WSO AP	42.4	96.38	334
118	137726	SIOUX RAPIDS 4 E	42.88	95.05	433
119	137844	SPENCER 1 N	43.17	95.15	404
120	137855	SPILLVILLE	43.2	91.95	330
121	137859	SPIRIT LAKE	43.42	95.13	442
122	137979	STORM LAKE 2 E	42.63	95.18	434
123	138026	SWEA CITY	43.38	94.25	366
124	138266	TIPTON 4 NE	41.83	91.07	235
125	138270	TITONKA 5 NNW	43.28	93.98	357
126	138296	TOLEDO	41.98	92.58	280
127	138315	TRAER	42.18	92.47	265
128	138339	TRIPOLI	42.82	92.25	287
129	138568	VINTON	42.17	92	259
130	138688	WASHINGTON	41.28	91.68	230
131	138706	WATERLOO WSO AP	42.55	92.4	265
132	138755	WAUKON	43.27	91.47	378
133	138806	WEBSTER CITY	42.47	93.8	357
134	139067	WILLIAMSBURG	41.67	92	259
135	139132	WINTERSET 2 NNW	41.37	94.03	326

附录 II 公式

A. 参数 EM 估计方法

假设最大似然估计为 $P(q_t, O_t)$，参数空间 $\Theta = \{\mu, \sum\}$，其中 $P(q_t = S_j)$ 是样本类别中 $q_t = S_j$ 的比例。对数化后如下：

$$lnL(\Theta \mid O) = \sum_{t=1}^{T} lnP(O_t; \Theta) = \sum_{t=1}^{T} ln \sum_{j=1}^{N} P(q_t = S_j) \cdot P(O_t \mid q_t = S_j; \Theta)$$

对于 $j = 2, \cdots, 7$ 来说，样本服从高斯分布，因此 $P(O_t \mid q_t = S_j; \Theta)$ 中参数空间 $\Theta_{j=2,\cdots,7} = \{\mu_j, \sum_j\}$。分别对 μ_j，$\sum_j$ 求导，

$$\frac{\partial \, lnL(\Theta \mid O)}{\partial \mu} = \sum_{t=1}^{T} \frac{P(q_t = S_j)}{\sum_{i=1}^{N} P(q_t = S_i) \cdot P(O_t \mid q_t = S_i; \Theta_i)} \cdot$$

$$\frac{\partial \, N(O_t \mid \mu_j, \sum_j)}{\partial \mu_j} = - \sum_{t=1}^{T} \frac{P(q_t = S_j) \cdot N(O_t \mid \mu_j, \sum_j)}{\sum_{i=1}^{N} P(q_t = S_i) \cdot P(O_t \mid q_t = S_i; \Theta_i)} \cdot$$

$$\frac{O_t - \mu_j}{\sum_j} = 0$$

$$\mu_j = \frac{\sum_{t=1}^{T} x_t \cdot \beta_j(t)}{\sum_{t=1}^{T} \beta_j(t)}$$

$$\beta_j(t) = \frac{P(q_t = S_j) \cdot N(O_t \mid \mu_j, \; \sum_j)}{\sum_{i=1}^{N} P(q_t = S_i) \cdot P(x_t; \; \Theta_i)}$$

$$\frac{\partial \, lnL(\Theta \mid O)}{\partial \, \sum} = \sum_{t=1}^{T} \frac{P(q_t = S_j)}{\sum_{i=1}^{N} P(q_t = S_i) \cdot P(O_t \mid q_t = S_i; \; \Theta_i)} \cdot$$

$$\frac{\partial \, N(O_t \mid \mu_j, \; \sum_j)}{\partial \, \sum_j} = - \sum_{t=1}^{T} \frac{P(q_t = S_j) \cdot N(O_t \mid \mu_j, \; \sum_j)}{\sum_{i=1}^{N} P(q_t = S_i) \cdot P(O_t \mid q_t = S_i; \; \Theta_i)} \cdot$$

$$\left(-\frac{1}{2} \sum_j^{-1} - \frac{1}{2}(O_t - \mu_j) \cdot \sum_j^{-2} \cdot (O_t - \mu_j)' \right) = 0$$

$$\sum_j = \frac{\sum_{t=1}^{T} \beta_j(t) \cdot (O_t - \mu_j) \cdot (O_t - \mu_j)'}{\sum_{t=1}^{T} \beta_j(t)}$$

B. 前向概率 $\alpha_{i, j, k}^{t}$ 的估计方法

$$\alpha_{i, j, k}^{t} \triangleq P(q_t^l = S_i^l, \; q_t^{m_1} = S_j^{m_1}, \; q_t^{m_2} = S_k^{m_2}, \; O^{1:t}, \; \lambda)$$

$$= \sum_{i', j', k'} P(q_{t-1}^l = S_{i'}^l, \qquad q_{t-1}^{m_1} = S_{j'}^{m_1}, \qquad q_{t-1}^{m_2} = S_{k'}^{m_2},$$

$q_t^l = S_i^l, \; q_t^{m_1} = S_j^{m_1}, \; q_t^{m_2} = S_k^{m_2}, \; O^{1:t})$

$$= \sum_{i', j', k'} P(, \; q_t^l = S_i^l, \; q_t^{m_1} = S_j^{m_1}, \; q_t^{m_2} = S_k^{m_2}, \; O^t \mid q_{t-1}^l = S_{i'}^l, \; q_{t-1}^{m_1} =$$

$S_{j'}^{m_1}, \; q_{t-1}^{m_2} = S_{k'}^{m_2}, \; O^{t-1}) \cdot \alpha_{i', j', k'}^{t-1}$

$$\propto (\sum_{i', j', k'} P(q_t^l = S_i^l, \; q_t^{m_1} = S_j^{m_1}, \; q_t^{m_2} = S_k^{m_2} \mid q_{t-1}^l = S_{i'}^l, \; q_{t-1}^{m_1} = S_{j'}^{m_1}, \; q_{t-1}^{m_2} =$$

$S_{k'}^{m_2}, \; O^{t-1}) \cdot \alpha_{i}^{t-1'}, \; j', \; k') \cdot b_{i', j', k'}(O_{t-1})$

$$= (\sum_{i', j', k'} P(q_t^l = S_i^l, \; q_t^{m_1} = S_j^{m_1}, \; q_t^{m_2} = S_k^{m_2} \mid q_{t-1}^l = S_i^l, \; q_{t-1}^{m_1} = S_{j'}^{m_1}, \; q_{t-1}^{m_2} =$$

$$S_{k'}^{m_2}) \cdot \alpha_{i', j', k'}^{t-1}) \cdot b_{i', j', k'}(O_{t-1})$$

$$= (\sum_{i', j', k'} P(q_t^l = S_i^l \mid q_{t-1}^l = S_{i'}^l) \cdot P(q_t^{m_1} = S_j^{m_1}, \mid q_{t-1}^{m_1} = S_{j'}^{m_1}) \cdot P(q_t^{m_2} =$$

$$S_k^{m_2} \mid q_{t-1}^{m_2} = S_{k'}^{m_2}) \cdot \alpha_{i', j', k'}^{t-1}) \cdot b_{i', j', k'}(O_{t-1})$$

$$= (\sum_{i', j', k'} P(q_t^l = S_i^l \mid q_{t-1}^l = S_{i'}^l) \cdot P(q_t^{m_1} = S_j^{m_1}, \mid q_{t-1}^{m_1} = S_{j'}^{m_1}) \cdot P(q_t^{m_2} =$$

$$S_k^{m_2} \mid q_{t-1}^{m_2} = S_{k'}^{m_2}) \cdot \alpha_{i', j', k'}^{t-1}) \cdot b_{i', j', k'}(O_{t-1})$$

$$\propto (\sum_{i', j', k'} (a_{i, i'}^l \cdot a_{j, j'}^{m1} \cdot a_{k, k'}^{m2} \cdot \alpha^{t-1}(i', j', k'))) \cdot b_{i', j', k'}(O_{t-1})$$

C. 后向概率 $\beta_{i, j, k}^t$ 的估计方法

$$\beta_{i, j, k}^t \triangleq P(O^{t+1: T} \mid q_t^l = S_i^l, \ q_t^{m_1} = S_j^{m_1}, \ q_t^{m_2} = S_k^{m_2}, \ \lambda)$$

$$= \sum_{i', j', k'} P(O^{t+1}, \ O^{t+2: T}, \ q_{t+1}^l = S_{i'}^l, \ q_{t+1}^{m_1} = S_{j'}^{m_1}, \ q_{t+1}^{m_2} = S_{k'}^{m_2} \mid q_t^l = S_i^l,$$

$$q_t^{m_1} = S_j^{m_1}, \ q_t^{m_2} = S_k^{m_2}, \ \lambda)$$

$$= \sum_{i', j', k'} P(q_{t+1}^l = S_{i'}^l, \ q_{t+1}^{m_1} = S_{j'}^{m_1}, \ q_{t+1}^{m_2} = S_{k'}^{m_2} \mid q_t^l = S_i^l, \ q_t^{m_1} = S_j^{m_1},$$

$$q_t^{m_2} = S_k^{m_2}) \cdot b_{i', j', k'}(O_{t+1}) \cdot \beta_{i', j', k'}^{t+1}$$

$$= \sum_{i', j', k'} P(q_{t+1}^l = S_{i'}^l \mid q_t^l = S_i^l) \cdot P(q_{i', j', k'}^{m_{1t+1} = S_{j'}^{m_1} \mid q_t^{m_1} = S_j^{m_1})} \cdot P(q_{t+1}^{m_2} = S_{k'}^{m_2} \mid q_t^{m_2} = S_k^{m_2}) \cdot b$$

$$(O_{t+1}) \cdot \beta_{i', j', k'}^{t+1}$$

$$\propto \sum_{i', j', k'} a_{i, i'}^l \cdot a_{j, j'}^{m_1} \cdot a_{k, k'}^{m_2} \cdot b_{i', j', k'}(O_{t+1}) \cdot \beta_{i', j', k'}^{t+1}$$